节能建筑效果展示

陕西省咸阳市周陵镇大石头村节能建筑落成

四川省邛崃市项目节能建筑落成

浙江省德清县洛舍镇东衡村

浙江省湖州市菱湖镇新庙里村

浙江省富阳市春江街道民主村

湖南省长沙县果园镇双河村（1）

湖南省长沙市长沙县果园镇双河村（2）

吉林省长春市农安县合隆镇陈家店村

甘肃省兰州市皋兰县石洞镇东湾村

四川省邛崃市夹关镇郭坝安置点

四川省邛崃市夹关镇周河扁村

安徽省亳州市谯城区郭万村

西藏堆龙德庆县岗德林农民合作社(1)

西藏堆龙德庆县岗德林农民合作社(2)

村庄建设前后对比效果

河北省秦皇岛市山海关区望峪村建设前后对比

建设前

建成后

陕西省咸阳市周陵镇大石头村建设前后对比

建设前

建设后

山东省德州市齐河县赵官镇锦川社区对比

建设前　　　　　　　　　　　　　　建设后

节能砖生产企业改造效果展示

秦皇岛发电有限责任公司晨砻企业车间

安徽合肥佳安建材有限公司

山东新齐新型建材有限责任公司

浙江特拉自动化生产车间压机线

浙江特拉自动化生产车间打包线

四川邛崃五彩砖厂

浙江中悦环保新材料股份有限公司

重庆巨康建材有限公司

多种形式的宣传

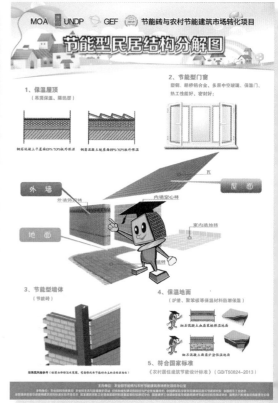

节能砖定义、种类、原理

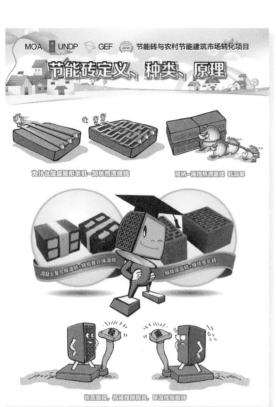

为什么做成矩形条孔 · 加长热流路线　　　阻挡一维路热流路线 孔洞率

混凝土复合保温砖·烧结复合保温砖　　　烧结保温砖·烧结多孔砖

物质轻·热阻性能提高·保温性能越好

节能砖生产与应用的注意事项

砖厂选择设备

砖　机：挤出压力 2.5-4.0

原　料：必须经过熟化，细度达到一定要求

焙烧及干燥：一定按照专业工艺要求进行生产

图片来源于：淄博功力机械制造有限责任公司

JZK系列双级真空挤出机

百姓选砖

必须符合国家标准

《烧结多孔砖和多孔砌块》（GB13544-2011）

《烧结保温砖和保温砌块》（GB26538-2011）

《复合保温砖和复合保温砌块》（GB/T29060-2012）

选择具有全项检测报告、质量达标的合格产品

CMA　CAL　ilac-MRA　CNAS

MTEBRB项目架构图

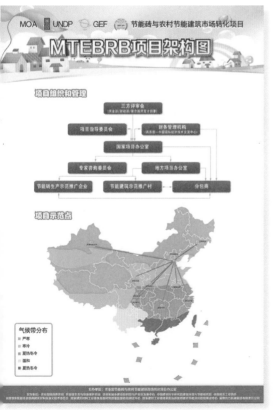

项目组织和管理

项目示范点

气候带分布

节能型民居与美丽乡村建设

推广节能型民居
建设中国美丽乡村

农户粘贴科普春联

社区为农户分发科普春联

四川邛崃节能建筑展览室

陕西咸阳节能砖博物馆

ZHUANZHU SHENGTAI CUNZHEN
TONGCHOU LÜSHUI QINGSHAN

砖筑生态村镇 同筹绿水青山

—— 中国农村生态宜居节能建筑探索与实践 ——

王全辉　王久臣　宋波　周炫　方放　主编

中国农业出版社
北京

编写人员名单

主　　　　编：王全辉　王久臣　宋　波　周　炫　方　放
副　主　　编：张艳萍　邓琴琴　张凤云　李成玉　李俊霖
编　写　人　员：王全辉　王久臣　宋　波　周　炫　方　放
　　　　　　　　邓琴琴　张艳萍　李俊霖　张凤云　许彦明
　　　　　　　　滕军力　刘　杰　王庆锁　李成玉　管大海
　　　　　　　　杨午滕　黄　洁　薛　琳　刘　灏　刘　钊
　　　　　　　　魏欣宇　赵　欣　王　利　于　鑫　王桂玲
　　　　　　　　徐立彤

主要编写单位：农业农村部农业生态与资源保护总站
　　　　　　　　中国建筑科学研究院有限公司
　　　　　　　　中国建材检验认证集团西安有限公司

前　言 FOREWORD

在农村城镇化飞速发展和农民生活条件不断改善的今天，如何留住农村宝贵的"绿水青山"？如何使这"绿水青山"成为真正造福于广大农民、全国百姓乃至全球良好生态环境的"金山银山"？如何补上社会主义新农村建设中被忽略的农村"绿色低碳生产生活方式"这块短板？这对所有关注"三农"问题，探索在新农村建设中真正落实"创新、协调、绿色、开放、共享"发展新理念的人们提出了严峻的挑战。

本书以2010年至2016年农业部与联合国开发计划署共同实施的"节能砖与农村节能建筑市场转化项目"在全国开展的220个节能砖示范推广企业技术改造和55个农村节能建筑示范与推广工程为基础，结合我国在节能砖生产应用技术和农村建筑节能技术研究及实践中积累的经验而编写，全面介绍了我国农村地区推广应用节能砖和节能建筑应用所需的技术、政策、方法及相关经验，为今后进一步落实中央生态文明建设的要求，把建设绿色低碳的生产生活方式真正纳入新农村建设的主流工作打下了基础，也为我国构建生态宜居的美丽乡村提供了借鉴和参考。书中信息为主编单位第一手资料，具有较强的实用性和可操作性。

　　本书共五章，第一章为砖筑生态村镇，同筹绿水青山；第二章为基于乡村生态宜居的超前谋划；第三章为技术与政策创新；第四章为示范引领科学推广；第五章为综合推动持续发展。可供推动乡村振兴、农村建筑节能、生态宜居相关领域工作的同志学习和参考使用。由于本书编写时间在 2010 年至 2016 年间，且时间有限，技术又在不断进步，许多相关技术和产品正在进一步完善，故书中难免有不当之处，敬请读者批评指正。

编　者

2020 年 10 月 28 日于北京

目　录 CONTENTS

第一章　砖筑生态村镇，同筹绿水青山

第一节　一块"生态砖"引出的
乡村绿色发展新方向

在城镇化飞速发展和农民生活条件不断改善的今天，如何留住农村宝贵的"绿水青山"？如何使这"绿水青山"成为造福于广大农民、全体公民，乃至全球环境效益的"金山银山"？以及该如何补上新农村建设中的"绿色低碳生产生活方式"这块短板，这对所有关注"三农"问题、探索在新农村建设中落实"创新、协调、绿色、开放、共享"发展理念的人们提出了严峻的挑战。

由全球环境基金（GEF）资助，农业部与联合国开发计划署（UN-DP）共同实施的"节能砖与农村节能建筑市场转化项目"（以下简称"项目"或"MTEBRB项目"）在这方面做出了成功的探索。

农业部科技教育司副司长、节能砖与农村节能建筑市场转化项目管理办公室（以下简称"项目办"）主任王衍亮告诉笔者："中央号召开展生态乡村建设，农业部和联合国开发计划署合作开展的'节能砖与农村节能建筑市场转化项目'在这方面进行了艰苦（有益）的探索和开拓，取得了一些初步的成绩，为今后进一步落实中央要求，为把践行绿色低碳生产生活方式真正纳入新农村建设的主流工作打下了基础。"

在项目实施的 6 年时间里，农业部在湖南、湖北、吉林、新疆、山东、河北、安徽等 23 个省区市开展了节能砖生产技术与农村节能建筑示范推广工程建设和宣传工作，推动了砖瓦行业的转型升级，指导并建设了 220 个节能砖示范推广企业和 55 个农村节能建筑示范推广工程，1.73 万户农民住进了温暖舒适的节能农房，并且全部达到了节能 50％ 的要求。

"节能砖与农村节能建筑市场转化项目"特别注重探索技术、政策和管理模式的创新，着力创建系统的、可持续的市场转化机制。项目支持编制了农村节能砖生产与节能建筑应用的政策、实施条例、技术标准与规范，结合"十三五"发展规划，成功地把节能砖项目成果纳入了国家相关行业发展规划中；在项目积极参与下，促成了国家鼓励支持节能砖和农村节能建筑推广应用的财税政策与融资机制的出台和完善；项目从信息传播和意识增强、政策开发和制度支持等方面，为农村建筑与建材节能减排可持续机制的建立奠定了坚实的基础。

项目通过支持开发、示范、宣传贯彻国家新的强制性节能砖生产标准，有力地推动了中国砖瓦行业的转型升级和结构调整，使节能砖在农村地区市场占有率提高到了30%；通过示范推广工程的建设，项目首次成功地将节能建筑引入农村能源综合建设的系统工作，创造了集太阳能、沼气、秸秆生物质能等可再生能源与绿色建筑配套，适应不同地区、不同经济发展水平的一系列典型模式与技术；通过项目示范和宣传，数以千万计的农民了解到了建筑节能，越来越多的农民开始真正感受到节能砖和节能建筑带来的实惠，节能环保与绿色低碳的理念逐渐深入乡村，农民们开始积极主动地参与到农村环境保护和节能减排的活动中去。

更加令人鼓舞的是，在农业部和联合国开发计划署的共同努力下，项目示范成功的技术和管理经验在广大发展中国家和一带一路沿线国家引起了广泛关注，许多国家表达了与农业部进一步合作的强烈愿望。

一、观念转变源于农民的"切身感受"

早春的浙江省德清县洛舍镇东衡村笼罩在纷纷细雨之中，站在村里最高的11层公寓楼顶，俯视山水中的村庄，水网密集，一排排联体别墅掩映在绿树丛中，村庄的周边是郁郁葱葱的山丘和竹林，成群的白鹭在竹林上空盘旋。

54岁的村民杨国剑是2015年搬进联体别墅的，他表示，"以前家里老房子是实心砖造的，冬天总觉得家里很冷，不敢洗澡。到这里觉得好了很多，温度相差大概有将近五六摄氏度吧，隔音也好。"

同样是"节能砖与农村节能建筑市场转化项目"推广村，富阳区民主村村民孙雪军也表示，自从住进新房以来，感觉冬天比老房子暖和很多。以前住老房子，太冷了就往上加棉被，上面加两层棉被。

用节能砖建的房子为什么会有这样的效果？国家建筑材料工业墙体屋面材料质量监督检验测试中心主任周炫给出了一个专业的解释，"'节能砖'是农民起的通俗名字，其实是四种矩形条孔砖。过去的实心砖热传导的面积是实心砖的同等面积，墙多厚热流路线就多长，热气马上就可以过去。矩形孔砖在砖中间增加了不超过 15 厘米的矩形条，这就增加了空气层。15 厘米以内空气是很好的保温材料，有利于增大热阻，减少热传导。加之矩形条孔在'节能砖'中可以有多层，少的七八层，多的有十几层，不但可以使每一层热流面积大幅度减少，同时由于交错排列，热流路线大幅度拉长，24 厘米墙体可以相当于 37 厘米墙体的热阻功能，37 厘米墙体可以相当于 49 厘米墙体的热阻功能。如果是加上绝热材料的复合'节能砖'，热阻功能将更大幅度提升。在冬天和夏天就能节省用煤或者用电，这样能源就省下来了，同时还能降低大气中的二氧化碳排放。"

尽管住进节能房的农民普遍感受到了实惠，但是在 2010 年项目刚启动时，项目办需要面对的却是一个近乎空白的农村节能建筑市场。困难可想而知，最大的阻力来自农民本身。"主要是以前村里没人用过节能砖，农民不太信任。这个'大孔砖'到底好不好？保温性、牢固度农民都是有怀疑的。也有人觉得原来的实心砖用得好好的，何必再冒险用这个新东西。再说盖房子对哪个农民来说都是大事儿，有的人一辈子就盖一次房，所以在建材的选择上会慎之又慎。"项目顾问王桂玲介绍说。甘肃省皋兰县负责该项目的一位农业环保站站长就表示，要想把农民召集起来相当困难，年轻人都进城打工去了，家里剩下老人"顶不了事儿"。盖房子又是大事，得家里"掌柜的"说了算。为了能够让大家接受节能砖，站里的人跑了不下十几趟，来来回回做村民的思想工作。

节能砖与农村节能建筑的推广应用涉及千家万户的利益，要想顺利实施，必须争取到农民的理解和支持。为此，（国家）项目办和地方项目办结合不同地区农村的实际采取了很多接地气的措施，并结合传统乡村治理创造出了一大批创新的基层模式。项目办与农业部农民教育培训中心合作，利用"全国农村党员干部现代远程教育平台"面向全国 60 万个基层农村党支部多次播放了新型节能砖和节能砌块生产技术科教片；项目办建立了"节能砖信息网络和节能建筑信息网络"，利用网络平台扩大节能砖及节能建筑相关知识的宣传；通过农村实用人才培训、大学生村官培训、建筑工人贯标等各种相关会议和培训宣传活动，宣传节能砖及节能建筑的相关知识。

面对项目区的百村万户，项目办根据农村特点，用农民喜闻乐见的宣传形式，结合节能砖科普知识和春节民俗文化，设计制作并发放了近十万幅科普喜庆春联。节能砖科普知识春联和大红喜字被老百姓贴在家门，在红红火火过大年的气氛中亲戚邻居也感受到了节能的理念。"陕西、湖北、河北等项目地方管理团队通过组织多种形式的村民协调会，让村民了解参与节能建筑规划、设计方案制定、示范工程施工建设全过程。"项目官员张艳萍介绍说，"四川的马岩村通过'五瓣梅花章'，让村民自己决定是否使用节能砖。浙江省还很有针对性地瞄准了乡村泥瓦匠这个群体，通过政府、砖瓦企业协会等对其进行培训，从观念转变、使用技术等方面破除节能建材向乡村推广的'最后一公里'难题。"

然而对于广大的农村来说，观念的转变是需要过程的。相对于宣传，农民更愿意相信自己看到的事实。项目办抓住这一特点，以抓好示范村和推广村建设为核心，在建立激励机制的基础上，通过用事实说话和老百姓的口口相传，使得节能建筑在农村大地如期推动。

"我这个房子 180 多平方米，光砖就补了 6 000 多块钱。"作为示范房，皋兰县石洞镇魏家庄村的杨满崇是最早使用节能砖的农民之一，盖房子的时候村里来看得人也就特别多，"条砖做的屋子冬天烧锅炉，一年就得 5 吨炭。现在我用的是节能砖，采用的地暖，也就 3 吨炭，冬天屋里面能达到十八九摄氏度。我们村有些人房子盖得早，就后悔没使上这节能砖。"

"四川的喻坎村和红旗村是汶川地震灾后重建村，与项目示范村马岩村隔得不太远，听说马岩村建了节能房，效果特别好，村民就自发组团去参观学习，回去后就集体决定修改原来重建方案，采用节能砖，建设新型农村节能住宅。"四川成都墙体材料改革办公室（简称"墙改办"）专家赵建华说。

节能砖推广的过程中，也是各种先进建筑理念不断推广的过程，并由此引起了广大农村干部群众对农村建筑可持续发展的广泛思考。浙江项目推广村的一位村民告诉笔者，以前他们那里建房有个习惯，即不断地拆了建，建了拆，不但将农民口袋里的钱花个"底朝天"，也无法在改善生活品质和扩大再生产方面进行更多投资。"项目办就给我们讲，像国外的好房屋都是建好后几百年不用动的，住起来依然舒适。我们村议事会后来商量，说这次我们村造的房子也要一百年不落伍，眼光要放长远。那么，用的材料首先要好，这也是节能砖为什么能在村庄集体通过的一个重要原因。"这位村民说。

二、"会呼吸的砖"与"美丽乡村"建设

这样一块小小的砖头，为什么要调动这么多力量去推动？如果我们看

到下面这组数据，就会知道，节能砖对于环境保护的意义绝不是可有可无的。

据中国建筑科学研究院统计，中国农村现有建筑占全国建筑总面积的60%，这些年来农村新建住宅面积约占全国新建住宅面积的43%。由于围护结构热工性能较差，中国农村建筑比城市建筑的能耗高2～3倍。2014年，我国农村住宅每年产品能耗占建筑总能耗的比例达到25.3%，超过2亿吨标煤。农村家庭耗能多，尤其是冬天用煤量大对空气质量的影响是显而易见的。建成节能建筑后，农房室内冬季温度提升，农户取暖用煤减少，对减少雾霾天的贡献也是相当可观的。当然，农村环境不单单包括空气，还有土地、水。项目办在调研中发现，随着经济社会的发展，农民开始使用城市建筑中的一些建材。但是在建筑节能环保理念方面，却走进了误区。"尤其是一些地方的农村开始大量使用水泥抹墙和铺设庭院地面，不但没有达到节能减排的效果，对土地还造成了严重破坏。"周炫表示，如果使用节能砖，情况会完全不同。为了让农民更直观地看到节能砖在环保节能方面的优势，西安墙体材料研究院还专门做过一个实验：烧结砖、陶瓷、石板、玻璃、混凝土，放在外面太阳底下晒。早晨温度是一样的，晒到下午近2点，把每一块样品拿去测试温度，最低的是烧结砖，跟大气温度持平，其他的都高于室温。"我再说一个很简单的物理现象，夏天人坐在石板上烫屁股，可要是坐在砖头上是凉的，过一会屁股潮了，为什么？因为砖是含有水分的，一晒就蒸发，能够把热量带走，所以你会感觉在农村住砖房比城市要凉爽。"周炫说，在他看来节能砖就是一块"会呼吸的砖"。对此，住房和城乡建设部科技与产业化发展中心副总工程师屈宏乐也表示，目前国家正在大力推进"海绵城市"的发展，农村也应该跟上时代的步伐。"农村不能全部都搞成混凝土的路面，让水资源白白地流掉。"屈宏乐说，"这些年来，节能砖项目也在努力把'海绵城市'的理念贯彻进去。在进行培训的时候，告诉农民农村也要有透水的路面，留一段黄土的夹缝，这些对保护环境都非常重要。"

在节能砖项目的带动下，一个包含着"空气、土壤、水"的立体环境保护的认知开始在乡村生根发芽。除此之外，项目在推广过程中还把节能减排、农民的生活质量和乡村的发展看成一个体系性的问题来解决。在6年的时间里，不但探索出了农村综合节能的新路径，形成了包括光伏发电、太阳能、沼气、生物质成型燃料、节能砖、农业固碳减排等多元化的、生产和生活相结合的农村节能新模式。随着农村环境的改善还取得了很多延伸效益，包括推动"绿色村镇"建设，促进农村生态与经济和谐发展，并且为各地的"美丽乡村"建设注入了新的活力。

陕西省咸阳市的大石头村作为项目示范村，几百户村民住进节能房以后，利用良好的居住环境做起了农家乐，吸引了城市里众多的游客。经营农家乐的农户年收入由之前的一万多元增加到目前的五六十万元，村民直呼节能砖项目带着村里经济"翻了个跟头"。示范村河北省秦皇岛市望峪村则结合节能砖项目发展起了循环农业，生产生活废弃物变成了沼气和生物质能源，沼液沼渣使望峪村的甜美优质大樱桃远近闻名。节能型的农民新楼房使小山村融入了"夏都"秦皇岛的民俗旅游产业中，环境美了，钱多了，老百姓的日子舒服了，村庄也被评为河北省"最美乡村"。海拔高达3 600米的西藏拉萨，这些年来本地新鲜蔬菜越来越受居民青睐，然而设施农业产业发展一直受保温技术掣肘。项目办便与西藏农牧厅合作，把节能砖应用在了温室大棚的设施建设上。相比传统大棚能效得到大幅提升，蔬菜可以提前半个月上市，农民效益大幅增加。在项目推进过程中，新疆创造性地将节能砖项目与富民安居工程结合到了一起，帮扶当地贫困农户建新房，有力地推动了当地农村的精准扶贫工作。四川省邛崃市郭坝村安置点打造了新型农村节能社区，还根据当地的浅山资源条件打造了黑茶种植基地。不单是种茶、卖茶，还充分挖掘茶文化，在社区建起了文化广场和黑茶博物馆，黑茶产业与节能型农村新社区实现了互益发展。

"整个村庄的环境好得很，老百姓住得又是节能环保的房子，收入来源也没问题。"赵建华说，"在项目伊始，项目办就明确不能为了搞农村节能建筑而搞节能建筑，一定是综合地搞。让农民住上好房子的同时，也要过上好日子，就是说要'均好'，各个方面都好，不是'单好'。所以我们每个项目点都特别注重生活和生产发展的结合。要立体可持续，把这个事情画圆。"就如项目的宣传口号所强调的，"砖筑生态村镇，同筹绿水青山"，节能砖项目的先进理念正契合了城镇化背景下如何让乡村焕发生机的现实，并且一直在为"再造乡村"竭尽全力。"除了产业发展能够留住人口之外，环境就是让农村留住希望的最重要的因素了。"节能砖与农村节能建筑市场转化项目办公室常务副主任王全辉说，"现在虽说文明程度越来越高了，但是农村污染还是比以前要重。节能砖项目虽说不能把乡村所有的问题都解决掉，但是毕竟实实在在在为'美丽乡村'注入了节能环保的新内涵，农村保有青山绿水，农民宜居宜业的美丽乡村也将不再是梦想。"而在屈宏乐看来，节能砖项目对"美丽乡村"建设的意义还在于其扩大了影响的范围。"过去基本上是城乡接合部，或者是靠近大中城市边上的农村还能做一些节能建筑。现在节能砖项目就超出了这个范围，在全国很多地方做示范推广，有些示范推广点还在比较偏远的乡村。另外，成规模地在农村地区建这么多节能建筑，也为所在地区的农村建设树立了一个好榜样，意义还是很重大的。"

三、传统砖瓦业行业转型升级的加速器

传统砖瓦行业一方面要挖土烧砖，另一方面晾坯晒坯还要占大量的坯场。从 20 世纪 70 年代初开始，砖瓦行业对我国珍贵耕地资源的蚕食就受到了广泛关注。"1998 年农村砖瓦企业总数为 12 万多家，那时候几乎每个村子里都有砖窑，烧砖占用了大量的耕地资源，破坏耕地的现象非常严重。2000 年以后，国家就陆续在城市建设中开始限制使用黏土实心砖。"中国砖瓦工业协会副会长许彦明说。2010 年开始的节能砖项目作为一项重要的国际合作项目，目的之一便是进一步推动农村的砖瓦厂节能减排。"最重要的一点就是要把这块砖，由实心砖改成自保温多孔砖，或者是用其他材料代替黏土来生产墙体材料，坚决制止毁田烧砖。"许彦明说。

与此同时，砖瓦企业也面临着越来越严格的环保政策的压力。2012 年以后，规模化已成为考察砖厂的一项硬性指标；2013 年，环境保护部发布了《砖瓦工业大气污染物排放标准》，规定现有企业颗粒物排放标准比现行标准严格 50%、二氧化硫严格 53%、氟化物严格 50%。这一标准于 2014 年开始实施。农村砖瓦厂招工难也已成为困扰这个传统劳动密集型行业的重要因素。所有这些都在倒逼砖瓦行业转型升级和结构调整。节能砖与农村节能建筑市场转化项目为砖瓦行业淘汰落后产能和技术升级提供了一个很好的契机。项目不单在技术上给予了很多厂家足够的支持，还在设备、理念以及资金上提供了必要的帮助，一定程度上引导和推动了整个砖瓦行业的发展。

甘肃省皋兰县的云山砖厂便是这样一个例子。这座建于 20 世纪 80 年代初的老砖厂到 2010 年左右已经举步维艰。2011 年被确定为节能砖项目推广企业并且获得了 10 万美金的资助后，转机才开始显现。节能砖项目提供的这笔资金被用于购买新的制砖机，对于一个砖厂来说虽然并不多，却意义重大。砖厂厂长杨重彪告诉笔者，通过这个项目让砖厂的管理者转变了思路。他说他本人就参加过项目办组织的多次培训，开阔了眼界，提升了认识，也才有了云山砖厂后来的转型和突破。2012 年到 2014 年，云山砖厂的形势开始好转，杨重彪又投入了 400 多万元购买了搅拌槽、变压

器等设备设施。2015 年投入 1 000 万元将原来的轮窑改造成了隧道窑，并且增加了多套环保设施。"新《砖瓦工业大气污染物排放标准》就是一道"紧箍咒"，哪项不达标，砖厂就得停下整改。一天罚 10 万，持续罚，哪一天改好了再生产。哪家砖厂受得了！"老杨说，云山砖厂幸亏转得早，"我们跟项目办联系上之后，首先环境要达标，在专家的帮助下还加了除硫设备。砖的质量也提高了很多，销售也跟着上去了。"杨重彪表示，他们现在的目标是在环境友好的前提下生产一流的产品，并且朝着打造现代化企业的目标前进。

除了云山砖厂，在项目推动下，200 多家示范和推广企业已全部实现节能砖生产装备的现代化。涌现出了一大批上规模、上档次、机械化和信息化程度高的节能砖生产企业，不但在砖瓦行业形成了一定的引领和示范作用，从供给侧改革的角度来看，也为满足农村市场需求奠定了基础。"以前有些企业可能在徘徊、在犹豫，因为转型升级是有风险的。节能砖项目进来后，不但技术上、资金上都有相应的支持，还有力地扩大了节能建材在农村的市场占有率，企业就会对转型升级、产品更新换代有更多信心。"王全辉说。在项目的支持下，节能砖产品相关生产标准也陆续出台，要求烧结多孔砖必须达到 28% 的孔洞率，烧结多孔砌块必须达到 33% 的孔洞率，烧结空心砖和烧结空心砌块必须达到 40% 以上。有了标准的引领，就是在倒逼着企业转型升级。而砖瓦企业转型升级的过程，本身就是节能减排的过程。节能砖里面有孔洞，自然就节省材料和燃料。加上技术革新，尤其是外燃改成内燃，用煤量就下降了，再加上窑炉的节能改造，增加节能保温措施等，节能量可以达到很高。

目前该项目已推动建立的节能砖示范和推广企业达 220 家，形成了近 13.2 亿块节能砖的年生产能力，砖厂直接节能达 2.64 万吨标煤。除此之外，项目还促进实现了传统砖瓦生产原料的更新换代，为煤矸石、矿渣、污泥等废弃物资源综合利用提供了新的技术路径，节约了大量珍贵的土地资源。以节能砖生产推广企业重庆巨康公司为例，除了生产过程中节能达到 30% 以上之外，该公司每年还能"消化"城市污泥 20 万吨、煤矸石 4 800 吨、粉煤灰 43.2 吨、页岩 12 320 吨。一天之内就可以把一个污水处理厂的污泥全部处理掉。

在节能砖项目推动下，目前全国砖瓦行业利废达到 3 亿吨。应运而生的还有自动化程度较高的码坯机、卸坯机以及隧道窑等，从而摆脱了人工码坯的落后方式，大大提升了砖厂工人的工作环境和劳动福利。

四、一个环保"种子"基金对农村建筑节能的撬动

"节能砖项目主要是发挥撬动和引领作用，最终目的还是要市场自发地形成动力和需求。所以我们在设计项目的时候就在考虑，不光是培训了几个人，建了几所房子，用了几块砖就行了，还得在这个基础上形成一个可持续的市场转化机制。"中国循环经济学会墙材革新工作委员会主任滕军力说。然而纵观 2010 年中国的建筑市场，虽然大部分城市已全面实现了建筑节能，农村地区却由于种种因素的制约，很少有节能的房子。不仅如此，全国农村建筑节能标准也是个空白，农村建筑节能的技术标准体系仍待完善。"农村建筑工程的组织、实施、监管体系尚待建立，缺乏有效监管。针对促进农村建筑节能的政策、金融财税政策和融资机制等也都没有建立起来，这些都对推广农村建筑节能形成了制约，也是项目致力改进的地方。"项目首席技术顾问徐力彤说。

由于城市建筑节能采用的外墙保温技术与建筑不同寿命，而农村自建房更多地还要考虑与建筑同寿命、防火安全、施工方便、经济节能以及后期维护费用等问题，显然不能简单地将城市的经验搬到农村，因此可借鉴的经验也非常有限。摆在国家和地方项目办面前的，是一个全新的领域，一切几乎都要从零开始。

正是在这样的约束条件下，经过 6 年坚持不懈的努力，项目以节能砖和农村节能建筑示范推广为切入点，建立了我国第一个农村建筑节能标准，探索形成了三个不同气候带的农村节能建筑模式；编制出了农村节能砖生产与节能建筑应用的政策和实施条例；结合"十三五"发展规划，还把节能砖项目成果成功地纳入到了国家发展规划中；有力地推动了财政部对节能砖产业体系的优惠税收制度，从而为节能砖与农村节能建筑市场转化的可持续性奠定了政策基础。

具体来说，技术政策方面，项目推动了农村绿色节能建筑可持续发展研究，初步建立了节能砖与农村节能建筑的标准体系，包括：《烧结多孔砖和多孔砌块产品标准》《复合保温砖与保温砌块产品标准》《农村居住建筑节能设计标准》《农村节能建筑烧结自保温砖和砌块墙体自保温系统技术规程（夏热冬冷地区）》及相关产品测试标准，陕西省颁布了《DP 型烧结多孔砖砌体结构技术规程》（DBJ61/T 103—2015，陕西），制定了与其配套的《DP 型烧结多孔砖墙建筑结构构造图集》。建立了节能砖与农村节能建筑的标准体系。"其中《农村居住建筑节能设计标准》是中国农村第

一部住宅节能设计标准，也是世界上第一部农村节能建筑的标准。从此结束了农村建房要么参照城市标准，要么没有标准的尴尬境况。"中国建筑科学研究院宋波主任说。除此之外，项目办还在国家能源局太阳能利用"十三五"规划中，在全国砖瓦行业"十三五"规划中提出了未来在我国农村地区生产使用节能砖，推动农村节能建筑可持续发展的建议并被采纳。财政部发布《关于新型墙体材料增值税政策的通知》将项目推广的节能砖部分型号列入《享受增值税即征即退政策的新型墙体材料目录》，进一步带动了节能砖在农村地区的推广。

在项目的市场培育下，目前绝大部分项目点已经形成较完备的技术标准体系，节能砖产品和农村节能建筑市场已有据可依。地方上的技术规程也相继出台。湖北、浙江将《节能砖与节能烧结砌块应用规程》作为省级标准，用于指导农村节能建筑推广工程建设；陕西开发制定了《寒冷地区节能砖与节能烧结砌块应用规程》；截至2016年9月，通过各种方式将节能建筑和节能砖纳入工作计划的地方政府数量有125个。浙江省发展新型墙体材料办公室主任黄勇表示，通过节能砖项目的实施，浙江摸清了农村建房的基本规律、基本政策和基本程序，使农村建筑节能变成了该省一个常规性工作，推动了浙江农村节能砖应用和节能建筑的可持续发展。项目在示范和推广过程中，还主动与新农村建设、灾后重建、生态移民搬迁、小城镇建设、民族地区富民安居工程以及农民群众改善住房的需求相结合，充分调动各地方政府部门、墙改系统、砖瓦企业、社会资本和广大农民的积极性，集中力量将项目的效果发挥到最大，并且探索形成了一系列可持续的资金支撑模式。据了解，该项目先后撬动、整合的建设资金已达20多亿元人民币。

"经济社会发展到了不同阶段，主要矛盾不同，矛盾的主要方面和次要方面也不同。现在的生态环境问题已经到了非常严峻的阶段，所以我们希望各方面的力量都能参与到这项有益于全人类的活动当中。"联合国开发计划署节能砖项目经理刘世俊女士表示，"节能砖项目只是一个"种子"基金，总预算52 362 118美元，其中GEF出资7 000 000美元，对于中国农村这样一个广大的建筑市场来说并不算多，中国政府和私营部门落实了配套达21亿美元，实际说明GEF资金充分发挥了杠杆撬动作用。现在来看，效果还是非常好的。"联合国开发计划署驻华代表处能源处处长戈门先生表示，节能砖项目不单对中国农村建筑节能做出了贡献，还在项目实施过程中探索出了很多接地气的好做法、好经验，并积极向其他发展中国家分享。为此，项目办结合中国"一带一路"倡议，积极探索节能砖产业走出去的实施路径。项目的成功经验还吸引了东南亚等区域的关注。项目团队在印度举办的亚太地区能效会议上介绍的陕西大石头村的经典案例得到了联合国发展计划署亚太地区能效首席专家努外偶的高度肯定。项目还接待了孟加拉国政府节能代表团在中国项目区进行观摩，并与联合国发展计划署孟加拉国代表处联合在孟加拉国举办了项目经验分享会。

在中国大地上，为期 6 年的节能砖项目已经结束，农村节能建筑却如星星之火，渐成燎原之势。对于中国的乡村来说，这只是建筑节能的开始，随着项目带来的意识提升和可持续发展机制的建立，一个涉及亿万农户的乡村环保格局渐趋萌生。

农业部农业生态与资源保护总站副站长、项目办副主任王久臣告诉笔者，这个项目之所以能够取得初步的成绩，主要是抓住了两个关键：第一，紧紧扭住了农村建材节能和建筑节能这个新农村建设中和国家整体节能减排工作中的薄弱环节和短板；第二，切实落实"创新、协调、绿色、开放、共享"的发展新理念，创新可持续发展的长效机制、因地制宜探索总结节能减排与经济社会协调发展模式、试验示范适合农村农民特点的绿色低碳生产生活技术路线、用开放共享的精神努力向广大农村和其他发展中国家传播推广项目成果。但是恰恰是在这两方面，尚未完成的工作还很多，未来的道路还很漫长。王久臣还向笔者介绍了未来的工作思路：一方面，"节能砖与农村节能建筑市场转化"项目的成果、工作经验与积累为美丽乡村创建以及农村地区节能减排工作提供了一个可贵的抓手和平台、一个崭新的工作着力点，使我们可以在此基础上进一步设计、实施政府行动和活动，为创建绿色低碳的美丽乡村闯出一条新路；另一方面，农业部具有与包括联合国开发计划署在内的众多国际组织密切合作并通过合作引领完善政策、提高能力、拓展工作的丰富经验。未来，农业部将积极争取与国际组织以及国家绿色气候基金、亚洲基础设施投资银行等机构的进一步延伸合作，在绿色村镇建设和"一带一路"国家相关合作方面开辟新的项目。

第二节 我有一所房子——联合国开发计划署 国际分享篇

每个人的心中都有一个"我住的房子"的样子。著名诗人海子想要"面朝大海，春暖花开"；当我们回乡下老家，夏夜大汗淋漓、冬天瑟瑟发抖时，我们是不是希望爷爷奶奶的房子可以"冬暖夏凉"？联保国开发计划署和农业部用 6 年的时间探索实现这个小小梦想的方法，在全国 13 个省区市示范推广了神奇"节能砖"在农村应用的项目，不但帮助村民们住上了"冬暖夏凉"的房子，也通过提升农村建筑行业的能效，实现了节能减排的目的。

2016 年 12 月至 2017 年 1 月，联合国开发计划署总结中国项目经验，在微信公众号上以系列报道的方式推出了关于乡村节能建筑的中国经验、中国故事——《我有一所房子，冬暖夏凉》，受到国内外的高度关注。

我有一所房子，冬暖夏凉，开启环保新生活
——浙江篇

绿水环绕、青山倚背的浙江省德清县洛舍镇的东衡村是一个历史悠久、山明水秀的地方。每到夏季，有许多人会选择到附近的莫干山和下渚湖湿地去避暑。对于到访的游客来说，居住在这里的村民过着人人羡慕、世外桃源的生活。然而江南让人望而却步的冬季在这里并没有好转。由于农村地区造房子多用黏土砖，房子的保暖性差，每到冬天村民们都过着取暖困难的日子。村民杨国剑在回忆起自己的老房子的时候说："以前家里老房子是红砖造的，特别是冬天总觉得很冷，最起码衣服要多穿一点，不敢洗澡。"

谁愿意做第一个吃螃蟹的人

县经济和信息化委员会副主任尤晓春说，刚开始推广新型建筑材料的时候非常困难："农民对黏土砖概念根深蒂固，不相信没用过的新墙材。对于它是不是保温，牢固不牢固都是有怀疑的。再加上黏土砖价格相比新墙材页岩砖要便宜一点，一块节能砖的成本比一块普通砖大概贵 1 毛钱。所以很多老百姓在建房的时候还是习惯性地采用老办法。尤晓春口中的节能砖是指用黏土、页岩以及工业固体废渣为主要原料烧制的多孔或空心矩形砖产品。相比传统黏土砖，它在冬季能够更好地锁住室内的热量、夏天也能更好地隔绝室外的热空气，让整个房间供热制冷的能耗更低，具有节能的优点，特别适用于农村的建筑。怎么能够让好的技术被企业采纳，让农户买账，真正地推广到农民的生活中去呢？

多管齐下，节能砖走进家家户户

市场的力量：宣传加补贴，两手都需要抓。"我们出台的政策是给农民补贴 2 毛钱，相当于 1 毛钱的差价补平后再奖励 1 毛钱，通过这样一个

政策来鼓励农民使用节能砖。"尤晓春说。同时，在农民建房前，让他们更加了解新型墙材也十分重要。浙江省发展新型墙体材料办公室（简称"新墙办"）为此专门编写了适合农民建房的新型墙材使用宣传资料。在德清县，每个乡镇还从城建办抽出一名工作人员担任新墙材网络员。目前浙江农村自建房统一要到乡镇城建办走批准手续，而生产节能转的企业也需要向村民们推销他们的产品，这些途径都是新墙材宣传的好办法。

在这所有的办法面前，对建房农户的补贴最为直接和有效。为了打通新型墙材在农村应用的通道，杭州市富阳区 2008 年争取了 300 万政府专项资金，用于农村新型墙体材料推广。"这之前，三峡移民到富阳来的时候，我们在农村也做过 100 多户的试点，积累了一些经验。然而最困难的还是农村单户建房，2015 年我们推广了 649 户，只要使用新型墙体材料的不论房子大小我们都补助 4 000 元。从 2010 年到 2015 年底，我们一共试点了 140 万平方米。"富阳区墙改办原主任夏成叠说。

在实现对村民的补贴时，项目也在帮助浙江淘汰不合格的砖瓦窑。"我们这 5 年时间关停了 500 多家砖厂，对 100 多家企业进行技术升级改造。在提高自动化的同时调整企业的产品结构。在相关的生产污染处理上我们也花了很多工夫。"浙江省新墙办副主任于献青说。而不合格的砖瓦窑生产的黏土砖主要是以农村市场为主，现在淘汰掉了，新墙材就可以迅速填补农村市场出现的空白。"富阳把所有的实心砖厂淘汰掉了，本地没有生产，农民要用实心砖只能从外地运进来，运费上就要增加一道。再加上多孔砖同重量的体积大，这样算下来本身跟实心砖在价格上就是持平的。使用节能砖每户补助 4 000 块钱，大概每块砖合计 1 毛 3 分钱。用实心砖的价格反而要贵。"夏成叠说。

乡村组织——不可忽视的自治之力

乡村社会有着其独特的运行规律，村落社区的熟人社会便是其中一种。在借助市场的同时，如何利用其熟人社会来帮助村民更好地接受节能砖呢？东衡村为此组建了自己的"乡贤理事会"。每个"乡贤"都是在各自村里威望很高的人，他们有的是老板，有的是退休老教师。他们能在村里进行决策的时候更加代表村里的名义，相比政府官员而言，村民更加容易接受他们提出的建议。在政府宣传补贴政策和节能砖的优点之后，村里有人提出质疑，觉得农村建房没有必要用这种赶时髦的节能砖，认为是一种浪费。农村建房隔了五年十年就拆了重建，这不但浪费了农民口袋里的钱，也对建筑材料进行了一种浪费。村支书章顺龙说："如果理念能够跟上，像国外的很多房屋，几百年都不用动，住起来依然舒适节能那不是很好么。我们理事会后来商量，就说这次造的房子要一百年不落伍，要留给子孙后代用的，眼光一定要放长远，那么用的材料首先要好，这样做工作他们也想通了。乡贤经过讨论后，再经过村民代表大会表决，整个中心村就全用上了节能砖。"

除了乡贤们，乡村的泥瓦匠们作为农村建房的关键人物，在节能建筑材料的推广上也起着决定性的作用。"我们这里的农民自建房，都是由工匠来采购材料。实际上农民是业主，分包给工匠去做。就像农村办喜事，要请一个厨师过来做酒席，但是买什么菜是厨师跟主家商量着来的。或者厨师给你开好菜单，东家去买菜。他会跟东家说，这个菜好，为什么好，价钱怎么样，性价比怎么样等。建筑工匠在农民建房时也起着这样的作用。他觉得这个砖好，就会跟农户去说，你现在用砖就用这个砖，为什么要用这个砖。他说一句顶上我们说十句话。"海盐达贝尔新型建材有限公司总经理陆首萍说。在推广节能砖的过程中，富阳很有针对性地瞄准了乡村泥瓦匠这个群体，并通过政府、砖瓦企业协会等组织对泥瓦匠进行专业培训，从转变观念、提高技术等方法破除节能建材向乡村推广的"最后一公里"难题。杭州新墙办主任庞文德表示："我们叫'干中学'。今天这个泥瓦匠来听了，他可能两点、三点学回去了。另一个泥瓦匠来了，又学了两三点，他们在一起干活的时候就会交流、切磋，逐渐提高。所以这3 000人次积累好的话，节能砖推广的面儿就会很开，这个是蛮要紧的。"

纳入程序监管的力量

节能砖的乡村推广，涉及乡村社会的方方面面，有观念的转变、利益的博弈、组织结构的问题，政府与市场的力量，社会组织的参与等，漏掉哪一条都可能延缓乡村建筑节能的进程。而从可持续的角度来讲，其中最核心的还要数"纳入程序监管的力量"。浙江省发展新型墙体材料办公室主任黄勇表示，通过"节能砖"项目的实施，摸清了浙江农村建房的基本规律、基本政策和基本程序，使农村建筑节能变成了该省一个常规性工作，其中非常重要的一点便是推动了浙江一系列省级农村节能建筑政策的出台。几年间，浙江省相继出台了《关于规范农村宅基地管理　切实破解农民建房难的意见》《关于进一步加强村庄规划设计和农房设计工作的若干意见》和《关于开展农村自建房建设项目新型墙体材料推广应用工作的指导意见》。一步步拉近了乡村与城市的建筑节能距离。同时逐步完善了相关标准和规程，包括浙江省地方标准《烧结空心砌块建筑技术规程》和

《烧结保温砖建筑技术规程》及《墙体自保温建筑技术规程》等。

浙江省发展新型墙体材料办公室主任黄勇说："下一步工作重点是农民自建房。先把节能砖在农民自建房中推广出去，再逐步完善农民自建房如何达到节能减排要求的问题。农村的情况非常复杂，不同的气候带、不同的自然条件、不同的经济发展水平和城镇化进程、不同的文化，政策的方向和发力点就不一样，也就需要因地制宜。"

我有一所房子，冬暖夏凉，再也不"烧钱"
——甘肃篇

羲轩故里，敦煌壁画，河岳根源——甘肃历史跨越八千余年，是中华民族和华夏文明的重要发祥地之一。与此同时，传统的秦砖汉瓦建筑观念在老百姓心中依旧根深蒂固。小小节能砖是如何突破重围，成为帮助农民省下冬季煤炭开销的好帮手呢？它为甘肃省的村民、村镇和企业带来了哪些影响呢？

皋兰县老干部的艰难新事业

皋兰县农技推广站站长魏至春介绍："我们这里属于大西北，冬天最低温度能到零下二十六七摄氏度，人穿着大棉袄在不生火的屋子里冷得打哆嗦。以前农户过冬，一个房间就要架一个炉子，120平方米的房子要架4到5个炉子。一年烧炭成本就得5 000块钱，这还是按这几年煤炭价格降了算的，对于低收入农民来说是一笔非常大的开销。"老魏很怀念刚工作的时候，那是20世纪90年代，也是农技推广工作者的美好时光。他说，那时候他们下乡推广农业技术很受大伙的欢迎，村里大喇叭一喊，村民就开始出动了。然而，跟农民打了三十多年交道的老魏，在向农民推广节能减排理念时，却感受到了前所未有的压力。

接踵而至的阻碍

2012年开始接手节能砖项目时，老魏想结合甘肃省新农村建设中的新民居建设政策，在县里新规划的100多户连片住宅中做推广，但2012年起甘肃省的新农村建设内容开始变为以基础设施建设为主，农户建房无法得到补贴。面对政策的改变，老魏立刻调整方向另寻出路，到另一个乡镇向30多户整体搬迁户推广节能建材。老魏和省市县的同志到村里跑了3趟，挨家挨户地做工作，面对的却是村民们的质疑。不但如此，近年来随着年轻人进城打工，皋兰县农村里大多是留守的老人和儿童，家中"掌柜的"的缺席也为宣传工作增加了阻碍。之后的2014年按照当地风俗不能建北房（正房），期间皋兰县又发生洪水冲坏了砖厂的砖坯……，老魏的节能砖推广工作真可谓一波三折。

不遗余力的宣传＋及时到位的补贴

老魏说："农村是个熟人社会，所以我们就托亲戚，托朋友，托熟人给农民讲节能砖的好处。再加上农技站的干部，前前后后去了十几次才做通工作。"为了加强和村民的沟通，老魏和同事们利用节假日的时间，在打工农民回村之后再将节能砖的相关知识讲给村民们听。此外，甘肃农村建房早已不能靠村民们相互帮忙，给盖房子的建筑工程队做工作也是重中之重。甘肃省农业环保站调研员李东宁说，刚开始推广节能砖的时候工程队并不接受，后来省市县还有厂家给工程队做了担保才同意使用节能砖。

"方孔的节能砖破损率稍微高一点，我们给工程队一块砖补了3分钱，砖厂补了4分钱。大头是农民，每一块节能砖给农户补1毛3分钱，还有20多户因为拉砖距离远补贴了1毛8分钱。"老魏说，为了能将补贴款落实到位，他们想了很多办法，后来决定通过"一卡通"直接补给农民。"农民跟砖厂签订合同，我们按照砖厂的发货单把钱打给农民。这样补贴款就能保证确实到了农民手上。"这几年，随着节能砖、中空玻璃的广泛应用，农村120多平方米的房子取暖费用从过去的一年5 000块钱，降到如今的不超过2 500块钱。

作为村里第一个"吃螃蟹"的人，老杨道出了"大孔砖"的奥妙。"我们村靠近县城，在建筑队里打工的人多，只要干过建筑的，他就知道这个砖孔多了节能。很多人觉得这个大孔砖可能不牢固，其实正因为它里面孔多，在砌的时候水泥跟砖之间接触的地方就多，就更牢固。再一个它比条砖块儿大，砌墙速度也快，省了不少工。"

古城改造——示范效果翻倍

榆中县墙改办主任李玉军说："虽然从表面上看不出来，但是这次青城镇改造我们融入了节能减排的新理念。古镇核心区内的传统街巷——条城街及校场路两侧33户沿街商铺建筑的改造工程使用的都是节能砖，总共68万块。"说起项目推广的成功经验，李玉军认为项目示范带动和广泛宣传是最有效的途径。同时，在宣传上也得注意技巧。榆中县墙改节能办副主任魏晋来说："跟老百姓打比喻，说用上这个砖就像穿衣服，要是穿个马甲走风冒气，把袖子缝上，裤子穿上，袜子穿上，再戴上手套、口罩，裤脚子都扎紧了，那就暖和。这样老百姓就容易接受。"除了用老百姓的话给大家讲节能砖有哪些好处，墙改节能办还给村民发放了由甘肃省住房和城乡建设厅印发的《农村建筑节能措施知识问答》手册以了解建筑节能方面的知识，项目办连续两年给老百姓免费提供的节能砖宣传对联，也起到了很好的宣传效果。

项目实施过程中，省墙改办对节能建筑建设过程进行了节能标准与能效监控，甘肃省建材科研设计院还对示范项目进行了检测，结果显示，用新墙材建设的房子比原来传统墙材建设的房子室内平均温度要高5到8摄氏度。此外，2011年到2013年县里实施了农村可再生能源建筑应用项目，通过此项目的广泛宣传为农村群众更多接触节能减排理念奠定了基础；2012年，甘肃省住房和城乡建设厅制定下发了《关于开展甘肃省农村建筑节能"南墙计划"的指导意见》，2013年开始在全省逐步推广。此次榆中县将节能砖项目与"南墙计划"很好地结合了起来，从而放大了项目的示范效果。提及如何才能使节能砖等节能建材在农村持续形成市场，甘肃省农业环保站站长唐继荣也表示："如能在下山入川、移民搬迁、整村整建，以及农村危旧房改造这些项目实施伊始就把节能减排的理念融入进去，效果就会好很多，再加上宣传和引导，几年之后，节能建材在整个农村建筑市场就会形成气候。"

一个乡镇企业的节能减排之路

云山砖厂的前身是一家农机厂，由于产品单一、销量有限，当时还是农机厂厂长的杨重彪就想着怎么转型。1993年杨重彪带着一伙人响应"让一部分人先富起来"的号召"下海"办起了砖厂。由于资金和设备的限制，生意并不好做。转机是从2011年开始的，云山砖厂被确定为节能砖项目推广企业，并且获得了10万美金的资助，这笔资金被用于购买新的制砖机。现在看来10万美金对于一个砖厂来说并不算多，但对当时的他们却意义重大。技术和设备的提升带来砖质量的飞跃提升和更广阔的市场。此后，云山砖厂的形势逐渐好转，在2015年投了1 000万元将轮窑改造成了隧道窑，这也成为云山砖厂转型的一个重要节点。"隧道窑的烧成时间短，装窑和出窑的操作都在窑外，也改善了操作人员的劳动条件。以前很多需要人工做的工序，现在引入了新设备，不仅把人解放出来了，效率还提高了不少。"杨重彪说，最关键的是在节能砖项目办带动下企业转型早，比一般的同行更早地接触到了环保的理念，并且在项目办的指导下付诸了实践。杨重彪还表示最大的影响在于对企业发展的认识，他说："通过学习，接触外面的世界，跟专家交流，我们开阔了眼界，提升了认识，才有了云山砖厂后来的转型和突破。"

我有一所房子，冬暖夏凉，我想回去看看它
——河北篇

选点示范的学问

河北省农业环保站边艳辉说："一种先进理念或者先进技术的推广和扩散往往遵循这样的规律，即首先在大城市出现，然后向市郊扩散，然后中小城镇开始接受，如波纹一样，一圈一圈最后波及乡村大地上的一个个村庄，所以我们在选择推广点的时候有意识地选择了塔元庄这样的城郊村。"河北省在推广节能砖项目上花了很多心力，选点都有着明确的条件要求。"节能砖项目在秦皇岛开始实施的时候节能建材在农村还没有形成气候。既然是示范推广阶段，选点就非常重要。否则做到一半推不下去负面影响会很大。首先村庄要有规划，不能一家一户去做；其次村领导班子要比较扎实，这样做老百姓的工作更加容易；再次，经济要发达一点，比如城郊区，这些地方的老百姓接受新鲜事物的能力比较强；最后，村庄跟砖厂的距离不能太远，太远了拉砖的成本会上升。"秦皇岛市农业环保站站长段学军表示。

为了把示范点选好、选准，大量的前期调研是不可避免的，段学军和同事们跑了不少村庄和企业。"考虑到望峪村是个旅游点，农家乐已经做得比较好了，哪里来的人都有，在这个地方用节能砖示范效果会更好。"段学军说，"再就是各种项目要整合到一块，这样才能把效果更好地体现出来。望峪村就是这样，除了节能砖的钱，还有住建口的钱，农口的钱。涉及节能这块儿的就有生物质燃炉、太阳能，还有新农村建设，污水处理、沼气等项目，集中力量办大事，做出来效果就很好。"

望峪村的节能故事

老蔡（望峪村第一书记蔡德宽）指着眼前的一排二层小楼，打眼看去，清水砖、勾缝墙，既大方又美观。老蔡说，这墙用的都是节能砖，节能砖项目办补贴了10万美金，住进去的农民都反映很好。"建新民居可以说把当时最先进的环保节能技术都用上了。"老蔡意味深长地说，"首先说这个节能砖。我们是2011年跟节能砖项目办接触上的。为啥选我这儿当示范点？一个是我们新民居设计得好，另外一个我们有节能减排这种意识。"

为了建设望峪村的新民居老蔡没少花心思。为了房屋设计科学合理，

他特意请来了河北农大的专家。节能砖项目办在房屋建设理念上也给予了足够的支持。在听说北京平谷区将军关村太阳能取暖后，第二天他就跑去找将军关村的村主任了解情况，还住了一晚试试，半夜好几次查看温度表看到底暖不暖和。此外，新民居建筑还使用了保温性能好的中空玻璃。村里也建了两套排污系统，利用沼气池和无动力污水处理系统，沼气用于全村供能，经过污水处理系统的洗澡洗菜水变为樱桃园灌溉用水。被问到为什么有如此强的环保理念时，老蔡说了一句很实在的话，他说，他们是搞生态旅游的，靠的就是生态。"那么什么叫生态？我们满山的树木，自然的山水，淳朴的民风就是生态。我就给老百姓讲，你说你望峪村吸引城里人的地方是啥？不就是你的环境，你的生态，还有你纯朴的民风，庄稼人实在嘛。"老蔡说。

面向市场＋加强管理：塔元庄村的经验之谈

村民委员会主任赵桂林说："我们村从 2008 年整村改造，拆平房盖楼房，总共建了四五十万平方米，最高的 30 层，全部用的节能砖等节能建材。现在都讲环保，老百姓也要求改善居住环境。除了项目办不遗余力地通过村里的大喇叭广播，及向村民赠送对联和挂图来宣传节能砖，塔元庄村选择使用节能砖还有一个重要原因，即村庄新建的楼房有一部分是要面向市场销售的。而要作为商品房在市场流通，建筑节能要求必须达到75％，否则将来房子销售就会成问题。""建这么多房子，村里一开始也拿不出这么大笔的资金。我们就和开发商联合开发。老房子拆了，土地置换之后腾出一部分土地来，开发商进来先垫资，把一家一户的房子盖好，老百姓不用掏钱了。"赵桂林说，除此之外塔元庄村还是河北省美丽乡村省级重点村，省市县都有配套资金，这些都为村庄的建设和发展助了一臂之力。塔元庄村节能砖及节能建材推广的成功离不开该村干部工作踏实、办事公道、决策公开。村干部在项目推行时一开始就特别强调新民居工程的设计与建设质量，坚持塔元庄村的新民居工程高标准。这些都为节能砖的成功推广奠定了基础。

村民刘桂秋这样看待他的节能砖新房子："俺们原来是下沟村的，2013 年 8 月份搬进来的。过了 3 个冬天了，确实感觉比原来那房子暖和。俺们这房子用的是节能砖，冬天就是不太冷，还有太阳能取暖，全天都有热水。遇到特别冷的时候就烧炉子，这个是节能炉，烧柴火的。咱们这里不是种樱桃树嘛，剪枝剪下来的小枝条都可以烧。不是特别冷就不用烧，太阳能就管事儿，去年冬天就能达到 19 摄氏度。主要是这房子建得好，听说节能砖本身就保暖，还有保温层，有泡沫板，保温做得好。冬天洗澡都没问题。"

节能砖项目背后的思考——"把人留住"的希望

河北省农业环保站副站长吴鸿斌说："农村老百姓家里取暖、做饭会使用大量的煤。为了节省成本，往往使用高硫煤或者低质煤，一进屋都呛嗓子，对大气里的二氧化硫贡献率特别大。农村烧煤是大气污染治理非常重要的内容，问题在于农村老百姓点儿多，面儿散，量又大，治理难度大，节能建筑改完了以后，过去一个采暖期烧煤一吨半，现在一个采暖期只烧一吨，半吨的污染就没了。再加上从源头检测煤质，推广节能炉子等多管齐下，农村节能减排的效果就会很明显。"从 2010 年节能砖项目在河北启动以来，吴鸿斌一直参与其中。对此有着系统的思考。他说节能砖项目就是针对过去农村建筑不注意保温节能，造成房屋耗能严重，污染也很严重实施的一个项目，意义重大。另外，随着城镇化进程的加快，很多村庄空心化、老龄化现象严重，乡村凋敝已是不争的事实。问题并不全出在乡村本身，很大一部分原因在于乡村生活条件的欠缺，人们在这里不能过上更加舒适的生活，必定要向外寻找更好的空间。如何改善农村的基础设施，包括让农民住上舒适的房屋便成了让乡村充满希望的一个必备条件。节能砖项目正是契合了乡村这样的现实需要，从而使得一些村庄有了"把人留住"的希望。

河北省农业环保站副站长吴鸿斌感慨说："想想小时候的农村，每个村都有水塘，里面的水是清澈的，蓝天白云，地里种出来的蔬菜瓜果吃着也好。现在虽说文明程度越来越高了，但是污染比以前要重。如果能把这个解决了，农村会成为一个令人向往的地方。这些年大家都在说乡愁，觉得老家是非常美好的。但是很多人回到老家待两天就待不下去了，就是因为居住环境太差了。要没有节能砖等这些节能环保的措施，冬天房子冻得像冰窖，估计谁也不愿意回去，还是要往城市里挤去。"

我有一所房子，冬暖夏凉，开启环保新生活
——陕西篇

据考证，中国最早的房屋建筑出现在这秦川之地上。经过了千百年的变迁，关中民居以自己独有的古朴恢宏的建筑风格，在汉族民居建筑中自成一派。而"节能砖与农村节能建筑市场转化"项目的落地，让这里的乡村建筑融入了节能环保的元素，不但使那些唱着秦腔土生土长的农民住上

了冬暖夏凉的舒适房屋，更重要的是随着"生态砖"的推广，节能减排、环境保护的理念逐渐渗入乡村，在农民心中扎根，为乡村发展带来了新的内涵。

说一万遍，不如自己去示范

一位大石头村村民说："以前的房子墙薄，热天热得很，必须用电风扇，用空调，冷天又冷得很。现在这个房子就不冷，冬天很少打炉子，夏天基本不用空调，最多开个电风扇，省煤还省电。"新建的大石头村位于咸阳市渭城区周陵镇，在靠近村庄中心的位置，有一块巨大的石头上写着"天外飞石"四个大字。旁边是一块崭新的"节能建筑示范村"的牌子，被村民们擦拭得铮亮。村支书雷公社操着一口浓重的关中口音正在给大家介绍大石头村的情况，"机场整个把我们村占了，建了个新村。政府支持、村民同意，按照节能减排的要求我们村的房子全部用的是空心砖、中空玻璃、坡面屋顶、太阳能热水器、太阳能路灯。我们这个村面积比较大，占地面积 260 多亩*，364 户、1 400 人。全部采用节能建材，在全国来说也是不多。

动土、搬迁、盖房子，对农村人来说都是大事。而一种新的建筑材料要想让农民接受，而且是让用惯了实心砖的农民们接受，显然不是那么容易。为了搬迁工作顺利进行，也为了能使节能减排的理念深入到每个老百姓的心坎儿里，大石头村将原来的 6 个村民小组划分成 43 个组团，每个组团设有专门负责人。节能砖项目办的专家、乡镇干部、村干部先给村民小组组长、组团负责人讲解节能砖以及节能建筑的优势。具体盖房之前，组团负责人具体再向组团里的每一户村民讲解。如果有一户节能减排的认识跟不上，整个组团的房子就盖不成。"干部就要跑到村民家里去做工作。农民白天不是在地里干活，就是去打工了，找人也很不容易，我们就晚上瞅着他吃饭的时间、休息的时间去。挨家挨户谈，把工作做通才能施工，一户不同意就施不了工。"老雷说，"啥时候觉得这个砖好呢？别人家把房盖起来了，人过去一走，感觉这个房跟那个房温度确实不一样，才真正觉得这个节能砖好。意识的转变需要过程，老百姓就是三条：看、听、做。看，就是看人家住着好不好；听，就是听大家说，这个节能砖就是夏天凉快、冬天暖和，他就会动心；做，那就得靠干部带头。"大石头村这次建房总共 43 个组团，盖得最早的就是老雷所在的那个组团。

---

* 亩为非法定计量单位，1 亩＝1/15 公顷。下同。

"村看村，户看户，群众看干部。说一万遍不如你自己去示范，村民一看你干部都用这个砖盖了房子，料想你也不会拿自己家房子开玩笑，也就会相信你说的。"老雷指着一栋挂着"雷家大院"牌子的小楼说，"我屋里盖得比较早，拾掇得也早。我就把村民请过来看。说实话，老年人都不过来，好不容易请过来之后，一走，一看，他就说，'咦，凉快。'我说，'我这是三七墙、空心砖，上面要求的是节能减排，你看好不好?'他就说，'哎呀，确实好。'回去就跟娃娃说，'这个三七墙、空心砖，这个窟窿黏性砖就是好。'就自动开始宣传，一传十，十传百，绝大部分人就接受了，接下来我们村一次就进了几百万块节能砖。"正是这样经过了三年的不懈努力，大石头村村民全部都住上了节能减排的房子，真正享受到了节能减排带来的好处。

在设计图纸的时候，就把节能理念融入进去

农村建筑管理长期处于空白地带的现实，是节能砖推广过程中遇到的最大困难。据了解，我国基本建设管理职能划归城市建设管理部门，农村建房基本上是农民在自己宅基地上建设，并不真正纳入国家的基本建设程序之内。

陕西节能砖项目总指挥、咸阳市墙改办主任赵文学说："城市建设有一套程序规范着，国家这块抓得很严，建筑程序是跑不出去的，无证不能开工，开工就要处罚或者强行拆掉。但是农村建房并没有纳入这套管理程序之内，长期处于无人管理的状态。所以我们咸阳就是建示范工程，给农民激励。"谈到具体做法，赵文学说首先就是宣传，全方位地毯式地宣传，让老百姓知道为什么要用节能砖，用了有什么好处，首先从心里能够接受。"大石头村是陕西省第一个建筑节能示范村，那会儿的农村是没有节能这个概念的，但是我们抓得紧。挖地基的时候我们就过来了，设计图纸的时候就把节能建筑的想法跟区上、镇上进行了彻底沟通，都是按照城市建设的节能要求进行设计的，优先考虑使用节能砖。"赵文学说。

另一个很重要的抓手就是同当地政府良好的合作关系。项目办在每个示范省都设计并施行了一套行之有效的组织机构，并借助这个机构将各种资源进行了整合，进而将宣传、技术等一步步贯穿下去。赵文学说，以大石头村为例，该村属于渭城区周陵镇，墙改办首先跟区政府、镇政府、村上建立了协调机制，把节能减排的先进理念先给干部宣传下去。在大石头村搬迁过程中，节能砖项目刚好契合咸阳市市长曾经表示大石头新村的建设要50年内不落后，尽量为后人考虑的发展理念。渭城区也非常重视，

住房和城乡建设部专门安排一位副局长对口管理大石头村建设。除此之外，项目办还在建设过程中严把技术关：村民建房必须按照图纸统一施工，技术部门也都派了专人蹲点盯着落实，丁是丁，卯是卯地将建设节能减排的房子在这片乡村土地上变成了现实。

脚踏实地的工作带来了实实在在的效果。从 2012 年以来，节能砖项目示范推广村庄普遍使用了节能砖等节能建材，建成的房屋保温、隔音、防潮效能显著提高，节能标准达到 50%，单位面积耗煤量仅为传统建筑的三分之一。

村子现在"翻了跟头"

说到村庄的发展，老雷说得很实在，"对于村民来说，住上冬暖夏凉、节能减排的房子当然是件好事，但是最急迫的还不是这些。大家从老村搬迁出来，地也少了，最关键的还是怎么生存的问题。能有更多的收入才能长久，否则光有这么舒适的房子住着，老百姓的心里也不美气。"考虑到村民长远发展的问题，在搬迁过程中，项目办不仅将节能建筑融入其中，还结合当地实际对村民生活生产进行了准确定位。"我们这里的人热情好客，新居建筑又风格独特，具有浓厚的民俗文化特色，加上富有传统特色的绿色饮食，是典型的田园乡村。还有我们的区位优势，离咸阳市区只有 9 公里，离新建的机场也很近，所以就在乡村游和农家乐上下功夫，发展乡村休闲产业。"老雷说，这些年来村里从事农家乐餐饮、手工艺品制作和农家休闲住宿的人愈来愈多。全村现在从事农家乐餐饮的有 60 多户，经营休闲客栈的有 5 户。每年三月到十一月，来大石头村休闲度假的城里人络绎不绝。"当然了，房子首先要造得好，城里人来了，住下了，冬天冷得受不住，夏天热得动不了，那还能再来么？所以我们这个节能房也是很关键的因素。"老雷说。

随着节能房屋的建成和农家乐的风生水起，大石头村村民的环保意识也逐步增强。"都说靠山吃山，靠水吃水。我们村是靠着机场发展农家乐、乡村旅游，环境就是我们吃饭的本钱。过去麦子一收完，到处都是烟，现在就没人烧麦秆。政府方面，节能砖项目办节能减排、保护环境的理念贯彻得早，群众也就意识得早。这几年下来，大家也就慢慢形成习惯了。"雷公社说。如今，大石头村已被评为陕西省省级乡村旅游示范村，渭城区统筹城乡发展、新农村重点建设村。"玉米搅团口口香，浆水鱼鱼吃个够，锅盔菜馍管你饱，煎饼芥菜真个美，我们这里不仅住得好，环境好，空气好，小吃更好。城里的客人都是慕名而来的。"村里一位大姐介绍说大石头村已今非昔比，再也不是那个在土地里刨食还穷得叮当响的村庄了。

在街上溜达的赵大爷说："村子现在翻了跟头了。面积跟原来一样，住房条件比过去好很多，过去那个街道都是烂泥，下雨人都不好走。现在的街道下雨不用穿雨鞋。空气比城里都好。"

我有一所房子，冬暖夏凉，成为我的家
——新疆篇

伊犁农业环保站站长耿运江说："伊犁夏季气温比较高，以前老百姓是土坯房，虽然破但是墙体比较厚，夏天比较凉爽。这些年很多都盖成砖房了，夏天温度却比土坯房高。所以有些老百姓一到夏天又住回他的土坯房了。节能砖房建好以后，夏天他就不回土坯房住了。你看老百姓的行为就知道他心里是咋想的，认可不认可。"

以富民安居工程结合放大项目效果

伊犁州喀尔墩乡巴依库勒村，新疆森阳环保科技有限公司负责人于英智这样说："房子建起来过了一个冬天，平均用煤量能差出 3 吨来。以前的富民安居房架半天炉子架不热，新房子需要烘上一个月，这个节能砖的房子就不一样，稍微一架炉子就热了。这才开始认识节能砖的好处。"虽说节能砖有一系列的好处，面对突如其来的新事物，村民还是会有太多的疑虑——"我用非节能的砖也能把房子盖得很好，为什么要听你说这些呢？你有什么目的？"面对这些问题，于英智的对策是与乡领导班子沟通。乡政府非常重视，专门成立了项目小组，直接督促项目落实。此外，最关键的是把节能砖项目与新疆富民安居工程合并到了一起。富民安居工程是国家对新疆实施的一项特殊政策，在新疆农民建房的时候进行补贴。作为解决新疆民生领域突出问题的首要任务，该工程自 2010 年开始实施，5 年来总投资 1 152 亿元。

"国家掏钱为老百姓买一部分建材，砖就是其中之一。政府预算完农户建房子用多少块砖直接会给他拉过去。把节能砖项目和富民安居工程合并到一起，补贴数额相对就大很多，再加上不停地宣传节能减排理念，农民接受起来就更容易些。"于英智说。在于英智和乡镇政府的积极促成下，喀尔墩乡共有两个村庄 30 户民的新房使用上了节能环保的节能砖，前后总共用了不到一年的时间。

阿克木江的节能砖推广之路

喀尔墩乡巴依库勒村，安居富民办公室主任阿克木江具体负责该乡

30 户农户节能砖的推广使用工作。他说，虽然有富民安居工程，但是在具体建房过程中依然遇到很多意想不到的困难。应对这些难题，阿克木江总结出了一套自己的方法。

巧用"大工"：建房过程中建筑大工（包工头）是非常关键的，一开始他们就跟大工就节能砖的有关问题进行了充分的沟通。"农民和包工头天天在一起，包工头自己要是不知道节能砖的功能，农民也不可能知道，所以先给包工头说清楚。这个砖跟以前用的砖毕竟不同，砖咋样放，钢筋咋样放，咋样抹墙，咋样砌筑，先给大工培训，效果还不错。"阿克木江说。

建立信任：阿克木江几乎一年 365 天都在农村跑，他说做农民工作最关键的是讲信用。这次节能砖推广之所以在规定时间内得以很好地完成，很大程度上也是因为当地基层干部在过往的工作中一点一滴积攒起来的信任。因为农民知道这里的干部不撒谎，才抱着试一试的心态用上了节能砖。

建立严格的程序规范：无论多么好的事情，都不能完全依赖个人行为。在节能砖项目推广的过程中，显然也需要一套严格的程序去规范才行。在这一点上，喀尔墩乡很好地运用了富民安居工程积攒的经验。阿克木江说："明白卡是农民盖房前必须要有的，证明是不是富民安居房。咋样盖房子，都在说明书里。属于哪个乡、哪个村、几口人、农户的名字、身份证号，房子多少平方米都记录在建房资料里。下面就是每次拿材料的时间都要写清楚，拿了多少。比如这个人 2015 年 5 月 27 号拿了 2 万块节能砖，价钱是 2 毛 3 分，总价是 4 600 元，房主签字。"这份资料里还配有农户老房子的照片以及新建成房子的照片。还收录了工程记录和工程验收卡、设计图以及监理人员每次监理时的签名。从农户申请到建筑完工交到农民手里的过程都详细记录在案。

综合施策，久久为功

2015 年节能砖项目在新疆实施以来，伊犁农业环保站积极争取了 3 个项目点，总共 45 户。据专家检测这 45 户的节能率都已达到 55% 到 60%，这些都离不开农业环保站的工作人员细致周到的工作。站长耿运江说："利用冬天农闲时间举办了一次培训班，将 3 个村涉及建房的老百姓都叫过来培训了 2 天，讲解节能砖的好处。当时老百姓顾虑还是非常大，想这个砖中间孔孔洞洞的会不会不结实影响房屋质量，所以我们的宣传也是很有针对性地在做。讲房屋的框架，讲房屋的构造，完了他们才发现空心砖在整个房屋的构造中起的不是支撑性作用。"为了提高老百姓对节能砖的认知度，他们还充分利用了农村集市。在当地，隔星期举办一次的农村集市往往是农村信息集散中心，所以很多农民事情再多也要放下去赶集。农业环保站的工作人员就在集市上摆桌位给老百姓宣讲节能砖的有关知识。

耿运江说，在乡村工作中"抓手"最多的就是农业系统，这对农村工作有着天然的便利和优势，而伊犁农业系统的健全也是有目共睹的，州县乡都有一套完整的组织体系和过硬的干部队伍，另外农业系统跟农民打交道的机会多、时间长，有着丰富的农村工作经验。之所以在这么短的时间内就将一项蕴含着全新理念的节能建材在农村推广，一个重要原因在于充分发挥了农业系统在农村工作的优势。另外他还表示，农民从思想上接受节能砖还要与砖厂生产同步进行。他说，有时候砖厂和老百姓的需求是不对等的，老百姓想买节能砖买不到，或者砖厂生产出来之后没有人买，都会放慢节能建材进入农村的进程。这里面的矛盾也需要有政策或者项目的支持。总之，在耿运江看来，综合施策，久久为功，才能达到在伊犁州农村持续推广节能建筑的目的。

我有一所房子，冬暖夏凉，美丽乡村都靠它
——四川篇

在四川这片天府之地，民居也随着时代的发展不断进步。尤其是"节能砖和农村节能建筑市场转化"项目在成都落地以来，不仅为这片土地带来了农村建筑节能减排的先进理念，使得当地农民感受到了前所未有的舒适生活。更为重要的是，在项目办和成都市城乡建设委员会、成都市墙材革新建筑节能办公室的努力下，四川初步形成了农村节能建筑体系，包括生产体系、技术标准体系、政策体系、激励机制、宣传引导机制等，从而使得农村节能建筑有了市场转化和可持续下去的基本条件。

如何取得"1＋1＞2"的效果？

四川项目负责人赵建华说："细节决定成败。对于农村节能建筑推广来说，每个环节都是一环紧扣一环的。我们的思路是，充分利用这个良好的契机，采用系统工程的工作方法去整合社会资源，集规划、设计、施工、质监、建材科研院所、大专院校、节能砖生产企业和管理部门为合作团队，推进节能砖与农村节能建筑市场转化项目的顺利实施。"

2012年，全国农村建筑节能标准依然是个空白，不但农村建筑节能的技术标准体系有待完善，农村建筑节能也缺乏相应的技术支撑。此外，由于城市建筑节能采用的外墙外保温技术与建筑是不同寿命的，而农村自

建房更多地还要考虑与建筑同寿命、防火安全性、施工方便性、经济性、节能环保等问题，所以摆在成都市项目办面前的是一个全新的挑战。

好在项目实施前，四川省就编制了一些相关的技术规程及相应图集。而在项目实施时，为了适应农村建筑施工的特点，在全球环境基金项目的支持下，四川省建材工业科学研究院、成都市墙材革新建筑节能办公室组织了由科研、设计、施工、质监、生产等单位组成的编制组，在农村节能建筑试点示范基础上编制了《农村节能建筑烧结自保温砖和砌块墙体保温系统技术规程》。这也成为国内第一个省级农村建筑节能规程。

民主决策之"五瓣梅花章"

在中国约70万个行政村里，一枚小小的圆形印章让马岩村一夜成名。不同于传统的印章，马岩村的印章被分成了5瓣，由村民选举出的5人各持一瓣，这被人们誉为"五瓣梅花章"。自从2008年这枚印章"诞生"，村里的开销都须经由这5个持章人统一审核。只有5瓣印章合一，蘸上印泥盖下去，村干部拿来的票据才能报销。这次节能砖在马岩村的使用也同样经过了"五瓣梅花章"的民主决策过程。

为了保障项目资金的安全性，马岩村土地置换项目涉及的相关资金都不经过村账，但是建设过程中依然要发挥"五瓣梅花章"的监督效力。

马岩村村委会主任彭建强调说："村民同意了，村里派人到砖厂去，砖厂开一个发票，把砖给我们拉过来，村监事会的人负责监督检查砖的数量和质量，没的问题了村里开一个发票，盖上'五瓣梅花章'。这两个发票的账要对得起来，补助资金才能打给砖厂。"最开始村里只有近三成的村民愿意使用节能砖，经过村委会和项目办专家的反复沟通讲解后，村民们逐渐认可了节能砖的好处，而在马岩村第一批节能房建成后，村民们争相入住。马岩村的节能房建好之后，参观的人络绎不绝。不单包括各地有组织来参观的，农民之间也自觉地前来打听消息。一传十，十传百，在周边乡村引起了很好的反响。

美丽乡村之"均好"态势的形成

在节能砖项目推广过程中，成都市还有一个显著特点，就是在让农民住上好房子的同时，也要过上好日子，尤其是原来就比较穷的村庄，包括灾后重建的村庄。因此，几个项目村的村庄建设都是和产业发展密切结合的，把节能减排、农民生活条件改善和乡村的发展看成一个体系性的问题来解决。

在马岩村，很多村民就利用良好的生态环境饲喂家禽、栽竹笋、种植生态蔬菜，还充分利用了农村自治教学基地搞乡村旅游和农家乐。邛崃是世界黑茶发源地，也是茶马古道发祥地。郭坝村安置点建好后，就打造了一个黑茶种植基地，不单是种茶，卖茶叶，还充分挖掘了茶文化，建了博物馆，把茶当成一个产业来做。这样"均好"态势的形成是政府一系列改革和配套政策撬动的结果。

首先，结合灾后重建提升农村建筑质量，改善农村地区人居环境，是成都市在农村推广节能建筑的一个基本思路。其次，成都市统筹城乡发展为村民改善居住环境提供了条件。2006年，四川又被国土资源部列为城乡建设用地增减挂钩第一批试点省份，农村建设用地有了转化为资本的可能，这也为农民建设节能房提供了资金来源。并且早在2005年，成都市就完成了对全市行政区域内尚存的309家黏土砖厂的全部关闭，成为全国第一个成功关闭行政区域内全部黏土砖厂的省会城市。

当然，一项新理念或者新技术的真正普及和推广，就像从压井里往上压水一样，需要"水引子"发挥引水的作用。节能砖项目及来自政府部门的各种补助起的就是"水引子"的作用。节能砖项目推进的过程，也是地方政府不断调整政策的过程。在短短几年时间里，成都市相继出台了包括《成都建筑节能管理规定》《成都市小城镇规划建设技术导则（试行）》等系列政策性文件和两个鼓励性文件，为节能砖和农村节能建筑市场提供资金补助，形成激励机制。在项目的市场培育作用下，通过不断探索与发展，成都目前已经形成"政产学研用"推广体系，使节能砖产品和农村节能建筑市场有据可依。

邛崃市油榨乡马岩村的一位老人说："以前住在老房子里，夏天热得男娃都要打赤膊，再没法子就下河去洗澡。冬天屋里屋外一个温度，老人不抗冻，就用个火罐罐、木炭烤一烤，烟熏火燎的，弄不好还会中毒。现在的房子用不着空调啊，夏天太阳晒不透，冬天寒风吹不进，像自带空调一样。"

我有一所房子，冬暖夏凉，住着安全又舒适
——重庆篇

武陵山区、秦巴山脉、高山林立、水系丰腴，一个个村庄便散落在这起伏不平的山地上，这里就是重庆。这些年来，由于大力提倡生态文明、环境友好的现代农业，重庆走出了一条农村发展的新路子。随着"节能砖与农村节能建筑市场转化"项目的落地，建筑节能的先进理念不断融入乡

村，近万农户住上了新式节能建筑，感受到了科技给生活带来的巨大改变。

推广节能砖，根本是老百姓意识的巨大转变

重庆市农业环境监测站科长张鹏程一直跟踪服务节能砖项目，他说："虽然具体的工作是推广节能砖，可是根本上是要达到老百姓节能环保意识的巨大转变。但是人的意识转变是有过程的。重庆是个山城，以前农民盖房子都习惯了用实心砖，脑壳就转不过弯儿来，这就需要做工作。"能想到的办法都用上了。每个乡镇的农业技术人员，逢农村赶场的时候，结合科技下乡，给老百姓发节能砖的相关资料，宣传节能建筑的好处。春节农村家家户户都要贴春联，工作人员就提前下去，挨家挨户给大家发印有节能砖信息的春联，包括各种资料，前后总共印发了5 000多份。农民也很喜欢这种形式，争先恐后来取。开座谈会，到农村去开"坝坝会"，老百姓有什么疑问都可以当场解答。

功夫不负有心人，再加上使用节能砖是有补贴的，有些接受新事物快一点的村民就会选用这个砖。而正是基于"村民之间的示范效应"，重庆市在选择示范推广点的时候，结合这些年来移民新村以及农村整片联建比较多的情况，专门选择了巴南区、梁平区、南川区三个非常有代表性的村庄，以放大项目在村民之间的影响力。梁平区双桂街道镇龙村位于农民工返乡创业园内，涉及5个村，41个组，1 191户，4 038人，项目建筑由6栋一类高层宿舍、50栋多层宿舍、3所幼儿园、社区配套设施及地下车库组成；巴南区物流园区安居工程则位于南彭街道百合子村，是重庆公路物流基地的核心区域，涉及6栋一类高层住宅、2栋一类高层宿舍、25栋多层宿舍、1所幼儿园、社区配套设施及地下车库；南川区鸣玉镇金山村属于扶贫搬迁村，"金山之美"工程共建房150套，可供150家农民居住，幼儿园、村委会、办公室、超市、卫生院等一应俱全。

"由于涉及农民工创业、美丽乡村建设以及扶贫搬迁等，这些村庄本身社会关注度就大，知名度就高，在宣传村庄本身的同时也能起到宣传节能砖的效果。引导效应是非常明显的。"张鹏程说。

这个房子住着舒服，隔音隔热，还防震

巴南区跳石镇大沟村70岁的农民李文泉说，这些年国家提倡建造防震的房屋，必须做框架结构，于是选用了节能砖。除此之外他也表示，城市里现在都在推行节能砖，他的儿子儿媳在城里工作，也建议他用这种砖。对于当地农户来说，什么样的砖是好砖呢？李文泉说，关键要看结构，框架结构的房子还是用节能砖比较好。"老百姓建房子，首先要结实，要抗震。我这个房子是先打的地基，拿钢筋铺起来扎柱子，然后四周要有柱子横梁，就像城里盖房一样的，因为一般都是二楼三楼，要承重的。这个节能砖，用得沙灰也少，它块头比较大，一块能当原来那个实心砖六块用。泥瓦匠砌一块相当于以前砌六块，砌得也快，用工也能省一些。"李文泉还说："之前光听他们讲这个砖有什么好处。住进来之后才真正感受到，隔热隔音，你把门关上这个屋说话那个屋里就听不到。以前在老房子住，冬天冻得很。现在住这个房子，冬天来耍的人多，开门透气的时候才要烤烤火。"

一家一年"吃掉"20万吨污泥的制砖厂

绕过龙凤山，沿着弯弯曲曲的山路一直盘到山顶，就到了重庆巨康环保建材有限公司节能砖生产基地。

"我们工厂是2014年开始投产的，全部生产节能保温砖。从环保的角度来看，不管是我们国家还是国际社会，对环保的要求越来越高。环保产业是个很有前景的产业，利废节能减排。所以我们上这条制砖生产线的时候也是按照两个原则设计的，第一个是处理污泥，第二个就是生产节能减排的保温砖。"公司董事长张信聪介绍说。车间里的生产线上，全自动机械正在忙碌着，挤压、切割、码垛、烘干、烧结……，从窑炉里运送出来的刚刚烧好的节能砖还冒着热气。窑炉上方，一条管状的粗大的脱硫设备正在工作。这条生产线一年可消纳城市污泥20万吨，煤矸石4 800吨、粉煤灰43.2吨、页岩12 320吨。目前巨康公司生产的节能砖价格在每立方米145～150元，相比实心砖价格要便宜些，所以市场推广并不困难。但是张信聪也表示，目前来看这种应用新材料烧结的空心砖还是城市建筑上应用比较多。

"农村也在逐步转变思想观念。以前老百姓用实心砖，也是用一些页岩、废渣做的，但是保温节能效果不好。我们生产的保温砌块节能率可达到65%，严寒地区甚至可以达到75%。"张信聪说，"现在农村老百姓的认识也在逐步转变，因为不用这个新材料就明显要多用电，夏天就要买空调。用了这种砖就少用电，夏天用个风扇就行了。"

目前巨康生产的节能砖主要供应周边100公里以内的市场。随着城镇化的发展以及重庆美丽乡村建设的推进，节能建材等市场需求仍然很大。张信聪表示："建设美丽乡村也是需要砖的，节能砖就是最好的砖，它是会呼吸的砖，是冬暖夏凉的一种产品。现在很多地方建房，从施工到设计都已经开始渗入这种理念了。"

第二章　基于乡村生态宜居的超前谋划

第一节　项目实施背景

一、问题与障碍

项目实施初期，基于中国经济的高速发展以及农村生活条件的改善，中国农村建筑市场约占全国总量的 60％。随着中国社会主义新农村建设的大力深入开展，农村建筑业将继续在中国建筑市场上扮演重要角色。

就整体而言，中国的建筑能效仍处于一个较低的水平。而与城区相比，中国农村建筑能效则相差更远。导致农村建筑能效低的最关键问题是其围护结构的热工性能差，特别是大量使用保温隔热性能差的墙体材料。中国农村建材市场被实心黏土砖大量充斥。实心黏土砖不仅使得建筑能效低下，而且在其生产过程中也比节能砖生产耗费更多能源。

尽管中国政府对促进节能建筑和节能墙材作出了强有力的承诺，所制定的相关政策在城市地区也成功进行了实施，但在城市取得的成果尚未扩展到农村地区。与城市情况不同，这些节能墙材和节能建筑并未打入农村建筑市场，巨大的节能和减排潜力尚待实现。

通过项目准备阶段开展的障碍和差距分析，以及对各项目利益相关方进行的调研，对上述问题进行了充分地研讨。综合项目准备阶段进行地分析及各项目利益相关方的反馈，界定了中国农村节能建筑面临的主要障碍如下：①缺乏公众意识和信息传播能力；②政策效率低，缺乏执行力；③有限的融资渠道；④缺乏示范和技术支持能力。

　＊　为体现项目设计实施全周期的过程和逻辑，特将项目设计独立成章，并直接采用 2009 年项目文件的表述，特此说明。

（一）信息和公众意识中的障碍

通过调研及实地调查发现，在项目利益相关方中广泛地存在着缺乏对农村节能砖和节能建筑的认知和信息以及信息传播能力不足的现象，特别是在地方层面。

在政府和国际机构以往的以及正在开展的公众意识和信息传播活动中，其主要目标均针对城区，而且未对农村居民的生活习惯，及其对节能砖和节能建筑的特殊需要给予考虑；未开发专门针对农村节能的信息传播渠道（例如发挥、利用现有的农村节能和环保网络优势）。以至于虽然确有少量农村砖厂可以生产高质量的节能砖，有关科技研究部门也开发了针对有关农村节能砖和节能建筑模式的技术，但由于关键的相关利益方缺乏认识，而且没有获取相关信息的渠道而使这些技术无法得到推广。

（二）政策及机构能力方面的障碍

在中央政府层面，虽然政府部门已认识到了农村节能砖生产和节能建筑的重要性，但尚未对相应的节能建筑和节能砖的开发进行规划，也未纳入相应的实施计划中；没有制定相应的政策和必要的激励措施；农村节能建筑的推广尚未被有效纳入墙体改革运动相关政策和实施活动中；虽已制定了相应的节能建筑标准并已在城区实施，但尚未制定在农村实施的规划，也没有制定相应的节能建筑施工规范和相应的农村节能砖生产和产品标准；尚未建立基于市场的农村节能建筑模型、节能砖产品和技术的必要的市场竞争及招投标程序以及对节能产品的鉴定机制。

在项目实地调查和召开的相关会议上，地方政府对参与本项目的实施表示极大的兴趣和积极性，但是有关节能建筑的推广尚未被纳入地方村镇规划之中；地方官员尚未了解什么是农村节能建筑和节能砖；地方政府缺乏实施节能项目及活动的经验、知识及技能。

（三）融资障碍

在农村建筑开发商和砖厂方面，缺乏融资渠道通常是其开展和扩大业务时面临的主要困难。有关融资的申请和批准程序复杂而又耗费时间。由于缺乏财务管理经验和会计能力，通常向银行申请贷款的基本要求，如财务和业务状况、会计报表，对这些企业来说都难以做到符合要求。

在与地方金融机构沟通中，了解到其对节能技术、节能项目的商业和经济前景以及对农村中小企业的节能项目提供融资尚无想法，通常认为节能项目成本高、无商业吸引力，或虽可能有一些经济效益，但技术上风险太大，且存在太多不确定性。对地方金融机构而言，节能砖和节能建筑是全新概念，需对其现行的金融产品、业务模式以及操作程序进行调整，以便开发这一全新的市场，并成功地进行运作。

（四）技术能力方面的障碍

通过调查发现，与城区节能建筑相比，农村节能建筑的开发具有独到的技术特点。中国农村典型的民居通常是分散的、采用实心黏土砖和水泥建造的1～2层建筑。在社会主义新农村建设中，当需要建造新房屋时，村里通常是雇佣一个小型的、地方性的建筑开发商来承担。因为使用的是廉价建材和较低的劳动力成本，农村建筑的单位面积造价比城市低50％～80％。由于围护结构较大的体形系数和较差的保温绝热性能，农村建筑比城市建筑的热损失更多、更快。

在农村应用节能建筑的主要技术障碍有：

①虽然一些技术研究机构进行了初步的抽样调查和信息收集研究，但仍缺乏对农村节能建筑样板进行仔细地研究和系统开发，使之能够被经济承受能力较低的农民买得起；建筑寿命长，且不需要较多维修及耗费；技术上易于建造。②缺乏详尽的可行性研究和示范，以便推介农村节能建筑的技术和工程性能。③可以为临近的农村建筑开发商和村民在节能建筑的开发、设计和建造等方面提供直接、就近帮助的技术研究机构，特别是地方机构，对于有特殊需求的农村节能建筑的开发和建造缺乏相关经验和技能。④大多数当地建筑开发商缺乏培训和管理能力，在技术上难以满足承担需要更复杂和专门的工程技术节能项目的需要。

对农村来说，已经在城区被广泛采用的、用于建筑围护结构的保温隔热技术和材料（特别是用于外墙的保温材料）太过昂贵，或者不够坚固耐用；虽然已有一些适合的（价格不贵、使用寿命长且易于使用）节能建筑材料，例如节能砖（可以满足在各类气候带节能50％～65％的严格标准要求），在一些地方已进行了开发和生产，但总体来说，这些材料的生产和应用极少。

在中国，目前已有三类节能砖产品。与以往开发的、用于城区的"节能砖"相比，这些新型节能砖的保温隔热性能更好，不需采用其他辅助材料就可以满足节能50％，甚至是65％标准的要求。与传统节能砖及实心黏土砖相比，这类节能砖的优越性还包括：在生产过程中更加节能（比实心黏土砖节能 50%，比传统节能砖节能 18%）。与在城区节能建筑上使用的保温材料（例如聚苯乙烯保温板）不同，这种新型节能砖价格更加低廉（每建筑单位面积造价低 50%）、易于工人施工、不像聚苯乙烯保温板那样需进行很多的维护或更新即可耐用很长的时期。

当然，生产这种更高质量的新型节能砖需要更高级的设备，在生产中需要更加精细的控制和操作，以及更高的技术和管理技能。调查显示，由于缺乏对这种新生产技术的示范和推广，以及缺乏地方科研机构的支持，使得部分感兴趣的制砖厂家因担心可能发生的技术和生产风险望而却步。

二、基线情景

中国政府采取的相关政策和行政措施，为进一步开发和推广节能建筑和节能墙体材料提出了一个适用的总体性工作框架，并已由中国政府和有关国际组织的相关机构在中国城市地区进行了大力开展。

根据国家节能和减少废弃物排放综合工作计划及相关行动计划，主要集中在中国城市地区的政府活动包括：建造新节能建筑，具有 7 000 万吨标煤的节能潜力；对既有住宅区建筑和中国北方地区的供热系统进行节能改造，可节约 1 600 万吨标煤；提升大型公共建筑的能效和使用性能，将节约 1 100 万吨标煤；应用可再生能源和绿色照明，以节约 1 400 万吨标煤。

同时，正在进行的 GEF/UNDP EUEEP（终端能效）项目也着力于中国城市节能建筑的开发，其活动包括：城市建设能源使用信息的收集和分析；开发和更新有关民用及商用节能建筑的政策和标准；节能标准的实施；向试点城市宣传有关节能信息；研究创新的建筑技术。

在项目准备阶段进行的初步政策制度障碍和差距分析表明，尽管中国政府和国际机构在不断努力，但在农村地区发展节能建筑，还存在着严重的体制、人员编制、财政和规划方面的障碍。尽管地方政府制定了节能建筑的五年计划，并制定实施相关的行动计划，但这些计划和行动完全是针对城市地区的。而关于在农村推广节能建筑，既没有计划也没有实施行动；在中国政府大力实施社会主义新农村建设期间，整个中国农村地区的乡镇和村庄正在制定新的建设计划，其中一部分已经开始实施，但却没有考虑将新建筑的节能问题纳入镇、村的规划和建设中；县、镇、村级政府对实施农村节能建筑项目至关重要，但没有被纳入正在进行的公众意识和培训项目，明显缺乏相关意识和执行能力；财政上，农村金融机构极少涉及节能活动,尤其是节能建筑建设和节能砖生产;从技术角度而言,可靠的节能砖供应对农村节能建筑的应用极为重要。然而项目启动前开展的活动并未涉及对能够满足国家建筑节能标准的高质量节能砖进行开发、性能示范和市场推广。

总之,虽然中国政府对提高建筑行业的能源利用效率进行了强有力的承诺,但正在开展的政府及国际活动并没有着手解决阻碍农村节能建筑发展应用以及节能砖开发和生产的各种障碍。基于该原因,政府极有可能在城区完成建筑行业实现节能 50%～65% 的目标。但如果没有全球环境基金的参与,中国农村地区节能建筑和节能砖应用的发展,及与之相关的温室气体减排的巨大的潜能将被继续忽视。

第二节 项目超前谋划

2010 年,在全国范围内开展的新农村建设尚处于实施早期,村镇规划也在准备当中,如果不能迅速有效地克服上述障碍,展示农村建筑和制砖的节能成果,农村节能建筑和节能砖市场将失去大好的发展时机。

本项目与中国政府开展的城市节能建筑应用项目、社会主义新农村建设以及以城市为重点的 GEF/UNDP EUEEP 等项目相配合,制定了一份有效的、可持续的、整合农村节能建筑应用与节能砖生产的项目计划,进而开发中国农村节能建筑和节能砖市场。为实现上述目标,本项目设计了四个任务,并通过一系列相应的技术支持和能力建设活动克服四个障碍,主要包括:信息传播和意识提高;政策开发和制度支持;资金支持和改善融资能力;示范和技术支持。

本项目与 GEF 的目标一致,主要通过促进节能建筑材料和节能技术在中国农村建筑市场的广泛应用实现温室气体减排;促进民用、商业建筑节能和提高工业能效;促进节能砖和节能建筑技术在中国农村建筑市场的应用。

一、替代情景

项目任务一:为克服信息传播能力不足,公众意识淡薄的障碍,项目设计了一系列旨在提高公众意识的活动包括开发、运用专门的信息传播网络,开发相关的多媒体产品,特别是在项目准备阶段界定了项目主要利益相关方,设计了消除信息传播能力不足、公众意识淡薄的障碍的方案,主要针对农村大众、农村建筑开发商、砖厂及地方政府。项目将利用农村建设中已有的信息传播活动和网络有效地弥补中国政府和国际组织在农村社区节能建筑宣传上的不足。借鉴以往相关项目的经验教训，通过实施相关活动，促进中国内部以及发展中国家的信息交流和知识共享，实现 GEF 项目对中国乃至于全世界的节能建筑和节能墙材方面的影响最大化。

项目任务二：通过在国家和地方层面开展技术支持和能力建设的活动，消除节能建筑和节能砖政策制定和实施方面的障碍。项目特别注重将节能建筑和新型墙体材料改革相结合。目前，节能建筑和新型墙体材料改革的目标、机构协调、政策制定以及各项具体活动尚未完全结合。

项目任务三：主要是针对农村建筑节能砖应用和市场转化融资相关部门开展一系列技术支持和能力建设活动。融资相关部门指：①潜在借贷方——农村开发商和砖厂；②潜在放贷方——当地金融机构。预期成果是建立地方融资机构与节能建筑开发商及砖厂之间更有效的合作关系。

项目任务四：着重解决①缺乏农村节能建筑和节能砖技术和工程可行性示范；②相关利益方（地方政府、农村开发商、地方技术支持机构及砖厂等）开发和实施节能建筑和节能砖生产活动技术能力不足。项目主要活动涉及：①子项目示范的准备和实施；②推广项目技术能力建设；③开展推广活动。通过实施相关活动促进全国范围路线图的制定和推广机制的建立，以便在全国范围内更大规模地推广节能建筑应用和节能砖生产技术，支持 60 个推广点。

二、项目目标、成果和产出或活动

项目目标是在中国农村制砖行业、民用或商业建筑行业实现温室气体减排和能效的提高，且克服长期以来妨碍节能砖和节能建筑在中国农村应用和推广的障碍，重点克服妨碍节能砖和节能建筑进入农村市场的政策、技术、信息和金融方面的主要障碍。项目还将帮助中国政府提高在市场环境下开发和使用节能砖及节能建筑的能力，通过培训、能力建设、实践与技术援助相结合等方式克服上述障碍。

（一）项目组成部分 1：信息的传播和意识的提高

本任务旨在克服有关地方政府、农村居民、地方砖厂以及地方建筑从业者对中国农村建筑领域节能砖生产和节能建筑技术应用缺乏了解的障碍。同时，本部分还将解决缺乏获取相关技术信息及节能经验渠道的问题。

本任务的主要成果是提高地方政府、农民、农村建筑商对节能砖和节能建筑的认识，扩大技术和市场信息的获取渠道。

本部分的产出主要有以下几个方面：

产出 1.1：建立和运行信息传播网络

在示范推广子项目所在省对主要利益相关方的信息和知识需求开展调查，以确定相关信息及知识的可获取性的现状，以及现有的和潜在的信息传播方式并对其有效性进行评估。

在调查结果的基础上，完成信息传播网络的设计和开发，向有意了解、参与、开发、实施农村节能砖和节能建筑项目活动的农村制砖厂、开发商、居民、地方政府、财政部门、技术服务人员提供全面的技术、市场、政策、金融信息。该信息网络还将提供综合信息交流服务，主要内容为国内外有关提高能效和节能技术及其应用的发展情况。

详细的网络框架以及开发和行动计划将设计完成。网站是一个基于互联网和内部局域网络的信息系统，并覆盖全国的农村地区，包括中国节能砖厂和地方建筑从业者数据库，提供产品、设计、建设、运行、维护等服务信息；建立项目网站发布相关信息，包括项目进展、经验和重大事件。作为信息分享平台，网站将推动信息交换和公众参与。项目网站及时更新并与 UNDP/GEF 网站及其他项目网站相链接。

在该信息网络中建立一个建筑能效报告和监测系统，包括建筑材料领域（主要是农村砖厂），为项目任务 4 开展的监测评估活动提供信息服务。同时可配合其他手段，对农村节能产品及节能建筑的产量、销量、价格以及农村节能建筑数量等情况进行监测。

建筑能效报告和监测系统将用于监测中国农村建筑行业的能效情况。业主需要定期（例如每季度）报告其能耗情况及相关活动。在 MTEBRB 项目期间，这些定期报告提交给项目办，由项目办负责对各个参与项目活动的房屋的能效情况进行监测和评。该数据库包括一个有关每个房屋的能耗数据的专用模块以及建材公司的能效情况。农业部、发展改革委、住房和城乡建设部、墙改办及其下级单位等有关主管部门的官员以及业主将接受能耗监测培训（包括系统分析与测算）。培训还包括能耗汇报和提高房屋能效的方法与措施。该活动将按照给定的指标（例如农村建筑中农村节能建筑节能率）对相关结果进行跟踪，以便评估项目的影响。

（1）设计一个数据收集系统——MTEBRB 项目将开发一个能效报告模板，用于收集节能砖厂的能耗和生产数据以及农村建筑能耗数据。收集的数据将用于衡量参与项目的砖厂和农村业主的能效情况。

（2）农村建筑能效——包括参加 RBERM（建筑能效报告和监测系统）的各类建筑的能效情况的评估。项目办向参加活动的业主和砖厂发放能效报告表。活动初期，MTEBRB 项目人员将走访选定的业主和砖厂。通过报告表和选定点走访这两种形式获得的数据将用于确定农村建筑和砖厂的能效情况。

（3）农村建筑和砖厂能效情况的传播——将从报表和走访中获取的数据进行处理和存档。每次的业主及砖厂提交报告后对该数据库进行能效数据更新。召开研讨会，发布相关发现及结果，对有关能效报告的模板及具体要求提出建议并进行研讨。另外，能效情况报告及改进意见还将反馈给相应的业主或砖厂。

网络的开发将分为几个阶段进行：

第一步将侧重于各示范子项目之间一般性及具体的信息交流和知识共享。网络将为 16 个示范点（地方政府项目实施机构、村和工厂）和项目办公室及主要技术机构提供在线连接。西安墙体材料工程设计院和农业工程设计院等国家级技术机构将提供网络设计、开发及日常维护的技术支持，同时为当地工作人员提供有关数据收集、录入和在线更新的合适的方法和程序的培训。

第二步，网络将扩展到 60 个推广点。更多的利益相关方如地方行政部门、当地建筑开发商、当地的技术机构、协会、社区、金融机构等都将参与到网络的开发和扩展之中。

本项目最终将借助农业部目前在整个中国农村（包括每一个县）的农村能源和环境网络（包括行政和技术）的优势，由其提供技术援助，开发一个覆盖全中国的农村节能砖和节能建筑的信息网络。

项目将开发一个切实可行的行动计划以确保该网络在项目结束后运行的可持续性。总体原则是在将来发展的农村节能砖和建筑市场上，将本网络发展成为一个独立的、商业上可行的信息服务提供商。

产出 1.2：开发并传播多媒体宣传品包

通过开展旨在开发制作有关增强意识的宣传品的活动实现本项产出，为在中国农村开展节能砖与节能建筑的活动提供支持。预期通过该宣传包使中央、省级政府以及农村居民对有关节能建材（特别是节能砖）生产和农村节能建筑方面的节能技术和实践产生的效益和优点有一定的认识。该产出包括对农村居民需求的分析，筛选最有效的传媒手段，对数据及信息的加工处理，宣传品的准备、制作以及传播。

MTEBRB 项目将开展农村居民对信息需求的评估，包括调查农民对节能建筑和节能砖的认知程度。调查将有助于确定所需信息以及项目将制作的宣传品的范围、类型。聘用咨询专家确定拟开发的各类宣传品的类别和形式、确定受众群体并进行设计和制作。确定有关各类宣传品管理及后勤保障需求及宣传品发放机构。根据调查结果，MTEBRB 项目开展信息和数据相关的工作，并将这些数据用于各类信息传播的制作。

将开发的各类传播材料汇编成多媒体的综合包，包括 DVD、书籍、宣传手册、电视节目以及在线数据库等，并将通过项目信息网络（产出1.1）以及节能建筑和节能砖促进与宣传活动（产出 1.3）进行传播。项目其他部分产出的材料例如培训教材、进展和评估报告、研究报告，以及可行性研究报告等都将包括在多媒体宣传包中。

产出 1.3：完成项目宣传

根据产出 1.1 的调查结果和项目其他活动的实施情况制定一个整体宣传推广计划，在中国宣传本项目及农村节能制砖和节能建筑。项目将利用"产出 1.2"的信息传播材料以及其他多媒体手段包括报纸、电视、广播、宣传/广告板、互联网等宣传项目示范结果和项目的下一步计划。

举办国内、国际研讨会和其他信息交流活动，促进国内外包括政策制定者、投资者和相关产业的利益相关方合作实现信息、知识的共享。研讨会目的包括：①向相关组织、机构、大学、各级政府通报 MTEBRB 项目进展；②帮助中国培养和开发科学、技术和制造能力；③开展有关农村节能砖和节能建筑的政策、金融发展和实施能力建设。研讨会每两年举行一次。项目还将会收集、分析参会者对研讨会效果和质量的反馈。

（1）评估项目宣传活动的潜在覆盖范围——利用包括多媒体、会议及现场考察在内的传播机制为农村建筑行业和制砖行业开发设计一个传播计划。其宣传对象包括：建筑设计师及承包商、房屋业主、砖厂、建材供应商及经销商和政府部门的政策制定者，如住房和城乡建设部、科技部、农业部等。确定本项目下该计划的内容和范围。该计划还包括为 MTEBRB 项目的其他传播活动提供支持和配合。

（2）宣传计划的设计与开发——将考虑中国各地农村具体的社会经济条件和发展目标。每个具体的传播活动将通过明确其受众、活动规模、采用的机制或手段、承办单位及活动形式，开发制定相应的监测评估系统，对各个独立的活动成果进行评估监测。在 MTEBRB 项目执行期间，按照预算要求制定相应的工作计划。在设计中还将就 MTEBRB 项目结束后的可持续发展提出建议。

（3）计划的实施——所设计的宣传活动将基于已有的各个相关业务网络（例如农业部的相关网络）开展，并与相应的组织、机构及研究院所进行合作，确保地方政府、建材研发机构、建筑开发商、砖厂以及建材供应商及经销商的积极参与。

（4）监测与评估——将应用所开发的监测评估系统对每个活动进行监测评估，以便为开展项目的总体宣传活动提供指导和借鉴。在需要时，将对宣传活动计划进行必要调整。

（二）项目组成部分2：政策制定与制度支持

本任务旨在克服目前影响农村节能砖生产以及将节能砖和节能技术在中国农村建筑中应用的政策、法规方面的障碍。预期成果是颁布和实施相关优惠政策，鼓励在中国农村生产、使用节能砖和建造节能建筑。相关政策包括农村建筑节能标准、制砖行业排放标准、制砖行业燃料使用政策以及节能砖结构、热工性能和质量的标准化。

本组成部分的产出包括以下内容：

产出 2.1：拟订农村节能砖生产与节能建筑应用的政策和实施条例

通过开展下述活动实现产出：①对国外节能建筑和节能建筑材料生产和应用相关政策和项目进行评估；②制定相关支持政策；③开发制定在中国农村实施节能建筑和节能砖生产的能效标准的框架。

对国内外有关制订、执行农村节能砖和节能建筑的政策、规划和项目（尤其是农村节能砖和节能建筑方面）的实践和经验进行调研。调研内容包括有效性评估、项目的相关性和项目借鉴的可行性。同时还要调查评估目前有关农村节能砖生产和节能建筑应用的规划状况、政策、法规及其实施效果、激励措施和补偿、组织机构和效力。调研过程中，对整合政府目前在建的墙体材料改革和节能建筑应用项目给予特别关注。

在调研和项目示范推广的基础上，在国家和地方项目执行委员会的协调和指导下，提交一份详细的政策建议书。建议书包括改进国家和地方规划制定程序、整合农村节能砖和节能建筑应用的政策、法规框架、机构安排以及制定国家行动计划。建议书的相关产出将被纳入农业部的决策过程并在其他主要相关部门如墙改办、住房和城乡建设部、发展改革委和财政部传阅。

（1）节能砖与节能建筑政策评估——该活动主要评估中国制砖和建筑施工方面的现行节能政策以及国外促进建筑节能的相关政策；另外，还评估可供建筑开发商、管理人员以及业主或投资者参考的政策支持活动及策略。根据项目利益相关方及上述评估进行专门的政策研究。研究内容将包括：①节能砖生产工艺的筛选；②适宜于中国农村的节能建筑设计；③节能建筑施工激励措施；④节能建材生产的激励措施；⑤节能建筑设计规范框架。最后一项将与中国的"新农村建设"运动相配合。

（2）制定节能砖生产和农村节能建筑应用政策——根据上述政策研究的结果及已批准的节能砖和节能建筑设计标准，起草政策和制度框架建议。定期与建筑行业和制砖行业的利益相关方开会研讨，就是否采纳和实施拟定政策征求他们对意见。会议还将针对拟定的政策进行研讨并制定相应的实施规则和管理办法。另外，会上还将讨论促进节能技术在建筑和制砖领域应用的其他潜在的支持或激励方案。政策制定后将提交各利益相关方和项目指导委员会。一经同意，则提交给政府主管部门，如农业部、住房和城乡建设部、发展改革委及财政部等。

（3）起草实施规则和管理办法——建议的政策及实施办法经主管部门批准后立即着手起草相应的实施规则和管理办法。

（4）本项目将制定农村节能砖（包括生产工艺和产品）和节能建筑的标准和准则，这些标准和准则将用于项目示范和推广子项目的设计和实施中。将节能砖的应用和节能建筑最佳实践经验整理成文——对国外特别是与中国农村条件类似国家的节能建筑及相关服务设计安装最佳经验进行研究与评估。同时对国外主要节能砖生产及应用的经验进行研究与评估。需要研究的其他重要信息还包括节能砖生产工艺成本、能效以及节能建筑系统成本、系统性能以及质量，并对与能效性能、设计、生产、安装有关的国内外技术标准和最佳经验进行研究和评估。

另外，还将对与农村节能建筑，包括节能建筑技术、建筑模式、监测与评估技术、如何将节能理念纳入乡村发展规划以及节能墙材生产有关的国外经验进行整理汇编。实现信息和经验共享对促进技术改革和项目示范将是十分必要的。

（1）制定节能砖和节能建筑技术标准——基于上述研究与评估的结果，将对现有的节能砖生产及节能建筑设计体系和生产实践与主流做法进行比较分析，分析内容还将包括成本因素。本活动的产出将是就节能砖生产和节能建筑设计与施工技术提出一系列标准。

（2）开发制定节能砖及节能建筑标准与测试方法——基于上述活动的结果，通过咨询中国建筑行业各相关方，开展活动支持节能砖、节能建筑施工设计标准的制定及节能砖产品的测试。所开发的测试程序应适用于现行的建材测试手段。

（3）制定农村节能建筑标准——此项活动是为规范农村节能建筑的能效性能以及农村节能建筑的能效体系而制定农村节能建筑标准做准备。相应标准的条款将基于对国内外有关节能建筑设计与运用的最佳实践经验而进行开发。上述对能效系统的性能、设计、施工与安装的标准及最佳实践经验的研究范围将涵盖国内外。将对现行的国内设计及其能效系统与现行的建筑能效标准进行比较分析，根据比较分析的结果，筛选出节能建筑和建筑能效系统设计安装的最佳实践经验，并按照规定的有关成本、系统性能及其质量的评价标准，将其应用于开发制定适用的相应标准之中。将起草并推荐一系列的农村节能建筑标准，包括相应的测试及评估方案。

（4）制定并实施节能砖及节能建筑标准——召集建筑行业，特别是农村建筑行业、地方砖厂以及建材销售商或供应商等相关利益方的咨询会，确定相应的性能标准、最佳实践经验以及推荐的测试程序，并在当地政府主管部门对标准及最佳实践经验进行注册登记。一经批准登记，将开发并实施宣传活动，促进该标准和最佳实践的应用和推广。活动包括对信息共享网络和其他政府或行业传播渠道标准及最佳实践的推广和传播。

产出 2.2：提高地方政府政策执行能力，实施行动计划

通过开展一系列的活动，提高地方政府政策制定和实施能力，主要包括：组织对节能制砖和节能建筑技术应用的政策研究；制定节能砖和节能建筑政策及行动计划；实施节能砖和节能建筑政策、规章制度。

（1）组织对节能制砖和节能建筑技术应用的政策研究——对示范点子项目所在的 8 个省、16 个县及 16 个乡镇进行详细调查。本调查将研究地方政府在农村节能砖生产和节能建筑应用方面的政策、计划、法规制订过程，相关活动，实施能力和有效性以及新农村建设的规划和实施。

（2）对各级地方政府的政策执行能力进行评估，提高政府在政策、制度框架开发和行动计划实施方面的能力。编制相关培训材料、在各示范和推广企业所在地区举办研讨会分享经验和信息。

（3）制定节能砖和节能建筑政策及行动计划——基于以上活动的成果及产出 2.1，帮助示范和推广地区的当地政府制定节能制砖和节能建筑应用的行动计划，在相应各省对该项目进行宣传。定期同建筑领域和制砖领域的利益相关方召开咨询会，针对政策的采用和实施，听取他们的意见和建议。咨询会上要对政策的具体规定进行评审，制定规章制度并讨论其他的一些支持活动，促进节能技术在建筑领域和制砖领域的应用。

（4）节能砖和节能建筑政策、规章制度的实施——这一活动涉及加强地方政府能力建设，提高政府执行政策、规章制度的能力。设计并开展培训活动，对负责执行相关政策、规章制度的政府工作人员进行培训。培训内容主要是如何按照具体的建筑要求对节能建筑的设计进行评估。另外还对节能砖和节能建筑设计标准的执行方法进行培训。培训活动结束 1 年后，要对地方政府的技术能力建设和制度完善的情况进行评估。同时，研究政策相关的活动、示范及推广项目的实施情况并评估实施结果的有效性，找出可以改进之处。根据研究的结果和项目其他内容相关产出，编制国家发展节能砖和节能建筑市场的路线图，供相关国家和地方决策者参考。

（三）组成部分3：资金支持和改善融资能力

本部分旨在解决中国农村地区节能砖生产和节能建筑技术应用中缺乏融资渠道的问题，消除投资者的不确定性。预期成果是加大对节能砖生产和节能建筑技术应用的资金和制度支持力度。

本部分将有如下产出：

产出3.1：完成对农村制砖企业和建筑开发商的金融和财务评估

通过开展以下活动实现这一产出：对农村制砖厂和建筑开发商当前业务的评估；商业开发和管理的能力；制定并传播节能制砖和节能建筑项目信息指南。

（1）对农村制砖厂和建筑开发商当前商业活动进行评估——一方面对农村制砖厂和建筑开发商的总体情况进行调查研究，另一方面对参与节能制砖和节能建筑示范项目的企业进行调查，重点关注这些公司的经营活动。通过这些活动了解这些企业现在的发展、经营和管理状况，确定他们的提高潜力。企业自身的完善和提高为他们在节能制砖和节能建筑开发领域取得成功并实现可持续性提供了保障。对这些企业的市场分析、财务分析以及他们如何提高现金流动性展开具体调查。根据调查和分析结果，制订针对企业的商业计划、开发和管理以及商业计划书的具体培训方案并为选定的农村制砖企业、建筑开发商和建筑商提供培训。

（2）培养商业开发和管理能力——这一活动将帮助农村制砖企业和建筑开发商制定节能制砖和节能建筑项目计划。具体来说，是要让企业了解如何运作、管理企业才能实现盈利和企业的可持续。这项活动将确保节能制砖和节能建筑开发项目在中国农村地区繁荣发展。

另外，这一活动还将为农村制砖企业、建筑开发商和从业者提供支持，帮助他们制定节能制砖和节能建筑项目建议书。MTEBRB项目帮助他们整理财务报表，确保企业向当地银行或财务机构出具规范的贷款申请文件。编制一份包含很多有用模版的商业计划手册，帮助农村制砖厂和建筑开发商从金融机构获得贷款用于节能制砖和节能建筑开发项目。

（3）节能制砖和节能建筑开发项目的信息指南——对综合信息进行编制：①所有节能制砖和节能建筑设计以及 MTEBRB 示范项目实施的信息；②对节能制砖和节能建筑开发项目有兴趣的企业家和投资者；③节能制砖和节能建筑技术应用的市场条件；④节能制砖和节能建筑开发项目可借鉴的融资模式；制订一份行动计划，写明促进融资的重要步骤和方法。同时提出建议，通过配套资金的方式，促进地方和国际金融机构与地方企业就资源利用问题达成协议。通过使重要相关方，例如国外节能设备供应商和地方 ESCO（能源服务公司）、企业和终端用户参与到项目中的方法实现融资。

产出 3.2：帮助当地银行或金融机构开发并实施针对农村节能砖与节能建筑的新商业模式

通过对两个目标群的能力建设实现这一产出：银行和金融机构、农村制砖厂和建筑开发商。首先是向中国农村地区金融领域传播节能制砖和节能建筑技术，主要活动是组织节能砖生产和节能建筑技术应用经济可行性评估的培训班。通过举办培训班可以增加金融行业向地方制砖厂和节能建筑开发商提供贷款的兴趣，还可以确保银行和融资机构向项目融资计划提供支持。其次主要针对农村制砖厂和建筑开发商，组织当地的制砖厂和农村建筑行业人士参加一系列研讨会，讨论可能的融资选择，包括 CDM（清洁发展机制）和 ESCO。另外这一活动还包括向节能建筑项目开发商提供技术支持，同当地或国外的 ESCO 合作。

实现此产出还需要鼓励地方银行和金融机构向农村节能制砖和节能建筑开发项目提供贷款。具体活动包括：在制砖厂、节能建筑开发商及商业银行和合作社之间建立商业联系；制定有利于地方银行和金融机构向农村节能制砖和节能建筑项目提供贷款的融资计划。

（1）建立商业开发和战略合作伙伴关系——活动主要包括动员地方和国际金融机构，利用农村制砖业和农村建筑领域资源促进节能砖生产和节能建筑技术应用的商业化。此项活动和任务 4 的示范活动相结合，MTE-

BRB 将向节能建筑项目融资提供技术支持并由此来鉴别商业机会。MTE-BRB 专家将参与制订商业计划，并向节能制砖和节能建筑示范项目提供金融方面的建议，确保这些示范项目能按照当初的设计执行，达到示范的目的。通过同现有公共和私营领域的合作伙伴的合作，MTEBRB 专家可以直接同私营公司和金融机构接触，了解他们对结构投资的具体需求和开发产品，从而进行能力建设，促进项目的融资。在项目实施 5 年之内，MTEBRB 将使主要相关方如国外节能建筑材料和设备供应商、地方ESCO 及其他从事节能的机构、企业和终端用户参与到项目中，促进节能制砖和节能建筑技术应用项目的实施。

（2）为节能制砖和节能建筑项目融资提供融资方案——主要是帮助节能建筑材料和节能产品，特别是节能砖的地方供应商/生产商，以及节能建筑项目开发商/所有人。成立由金融专家和节能专家、金融机构和当地ESCO 和从事节能的其他机构等主要利益相关方组成的工作小组，对现在中国贷款方案的实施效果进行评审并由此确定最合适的基线方案或综合方案，用于节能砖生产、节能建筑设计和建设项目的融资。同时对国际上最新的节能制砖和节能建筑或建筑投资的融资机制进行评估。地方金融机构向地方工业项目如 TVE 制砖项目和节能建筑项目提供贷款的数额也在评估范围之内。另外，还会对可能实施的金融激励机制进行评估：①鼓励农民更多地参与，开辟农村节能建筑市场；②减小市场的不确定性和市场风险，使得当地金融机构增加商业贷款；③向地方政府介绍可持续的金融支持机制，增加政府在将来采取相关行动和措施的可持续性及动力。

工作小组还会对节能制砖及节能建筑项目的融资可行性和融资方案进行评估，并出具一份报告，对每个可行方案所需的条件进行详细地描述。另外工作小组会根据政府资助、金融中介机构的贷款为设计融资方案提供技术支持，对融资来源、价格机制和财务方面进行评估。这一活动还包括制定融资方案筛选标准、选择有资格的借款人以及可行的业务模式，比如市场开发要求、制度安排、运行程序、项目评估标准、贷款和风险管理等。

（3）对 ESCO 支持的地方节能制砖和节能建筑项目的宣传——活动将对地方 ESCO 出资开展节能制砖和节能建筑项目的可行性进行调查和评估，同时对能否通过外国 ESCO 融资进行调查和分析。如可行，将向地方技术研发单位和供应商推广，如参与到 ESCO 或 EPC 建筑系统工程的地方建筑服务设备（比如空调）供应商。通过组织金融机构和 ESCO 召开一系列研讨会促进两者之间的信息共享，增强互信。

（四）组成部分 4：示范推广和技术支持

本部分设计的活动旨在解决技术问题，这些问题会阻碍农村砖厂的节能砖生产以及节能砖的利用等节能技术在农村建筑设计和施工中的广泛应用。

农村节能建筑及节能砖生产示范将展示节能砖生产，特别是技术选择与生产应用以及节能建筑在中国的应用。这部分的主要成果是建立大批示范项目，为感兴趣的制砖厂、农村建筑开发商、农民、当地金融机构、当地政府提供有关技术性能、运行、节能和环境影响等方面的详细信息。

技术支持和推广部分的活动将帮助制砖厂、开发商和政府政策制定部门更全面地理解和把握节能砖生产技术选择、节能建筑模型及对环境的影响，也有助于农村地区开发商、购房者对节能砖的利用有较全面地认识。这一部分还将克服技术能力不足等问题，改进制砖生产线，特别是促进节能砖的生产，完善节能建筑设计和施工。本部分的预期成果包括：提高农村节能砖生产线和节能建筑管理和运营上的专业技术和管理能力。

产出 4.1：农村节能建筑和节能制砖示范

在项目准备阶段，通过开展全国范围的调查，确定了潜在示范点包括砖厂和村。根据以下的筛选标准，选出了潜在示范点：①地方气候条件（必须是严寒、寒冷或夏热冬冷地区）；②有节能砖生产原料；③新农村建设项目正在规划或实施已见成效；④潜在市场条件。

在选择示范点期间，项目筹备小组对四川地震灾区给予特别关注。为了响应中国政府的抗震救灾行动，项目将四川省列为九个示范候选省份之一。在受灾最严重的都江堰县，选定一个工厂和一个村庄为示范点。除考虑项目既有的选点标准外，为适应特殊条件，在选定建材时，还特别考虑了将震后废物作为节能建筑原料的可行性，以及节能建筑的抗震性。

会议确定了不同气候区的 9 个候选示范省，分别位于吉林、河北、河南、陕西、甘肃、四川、湖南、安徽和浙江，选出 10 个示范村进行相关活动。主要筛选标准是：当地政府对节能砖生产和节能建筑应用的支持力度；砖厂和对节能砖生产的兴趣和热情；地方政策环境、新农村建设规划和实施效果、地方政府实施节能行动和项目的历史纪录；节能砖厂的技术、资金和管理能力及市场风险；当地金融机构对节能活动的兴趣；当地开发商的技术能力和当地居民参与项目的意愿（表 2-1）。

表 2 - 1　主要省区市所属的气候带

气候带	省区市
严寒地区	内蒙古、黑龙江、辽宁、吉林、新疆、宁夏、甘肃、西藏、青海
寒冷地区	河北、北京、天津、山西、陕西、甘肃、西藏、河南、安徽、江苏、山东
夏热冬冷地区	四川、重庆、湖南、湖北、安徽、江西、上海、浙江、福建
夏热冬暖地区	广东、广西
温和地区	云南、贵州

通过示范节能砖生产、节能建筑设计和建造来提供真实的节能事例。这一主要产出不仅使节能问题得到广泛关注，而且能证明节能技术可运用于建筑材料特别是砖的生产上，进而运用到实际的建筑物当中，同人们的实际生活相结合。示范活动包括：①节能砖的生产：节能砖的构成和生产工艺及准备工作；节能砖窑应用中的操作和维护；制砖中的节能实践；节能制砖设施及工厂的设计、工程实施、融资、运营和维护。②节能建筑的设计及施工：建筑节能技术的运用；对原有建筑进行改造，提高其节能效果；建筑节能标准的应用；节能建筑的设计、工程施工、融资、运营和维护。

开展以下活动的示范：

（1）对示范项目点进行全面综合的可行性分析，成本—收益分析、工程设计和研究——包括在技术—经济可行性研究中向示范企业提供技术支持；为每个示范项目提供基础的、详尽的工程设计。对示范企业进行进一步可行性的评审，包括细化已完成的节能建筑可研报告，分别对技术和工程设计，成本估算、所有权和管理模型设计、成本—收益分析、运营和维护的理念设计、室内通风方法、空气质量评定计划及融资评定等方面进行详细分析。项目需要采用适宜性技术，该技术要保证达到国家50％的节能建筑标准，又能让低收入的农民经济上可接受。

（2）示范项目实施的具体要求——开展具体活动达到相应的要求，促进示范项目顺利、有效的实施。主要包括：①确定可以用来制砖的黏土资源及其他原材料，如炉渣之类的各种工业废料等，并确定可以使用的资源量；②确定改造制砖生产线所需材料和人力能及时到位；③为示范项目融资服务的融资支持机制；④在示范点建立起管理、运营及日常维护体系。

（3）在每个示范项目点建立基线数据——根据每个示范项目的设计方案，收集翔实的数据并进行分析，组织现场测量，建立基线用来比较节能量和温室气体减排量。对于节能砖生产示范项目，这些数据应该包括产能、具体能耗、砖的性能和质量等。对于节能建筑示范项目，数据应包括建筑设计规格、设计的能耗，为每个项目设定运行表现目标。这项活动应该与评审及可行性分析同步进行。

（4）对示范项目设计及示范项目融资支持进行最终确认——本活动要向示范项目的工程设计提供技术支持，特别是那些以前没有过类似设计的示范点。还要对综合的技术和经济可行性评审以及详细的工程设计方案给予必要的技术指导。另外，帮助审核每个项目点为保证项目的运行和维护提交的融资申请。帮助示范厂从银行或金融机构获得贷款。

（5）示范项目设备的安装、运行，对其监测和评估——设备安装和调试期间，向每个示范厂提供技术支持。厂家和MTEBRB项目人员利用本项目的监测和评估系统定期对示范项目进行监测。MTEBRB项目团队和示范厂要负责收集、分析运行数据，以此来评价项目的效果、可靠性，发现不完善之处和有待改进的地方。所有收集的信息以及由此得出的项目实施效果都应上传到RBSD（农村建筑行业数据库）上。

（6）示范项目成果编辑成文——该活动主要是整理项目中节能制砖和节能建筑示范的各类档案，包括案例分析。本活动基于对推广项目（产出4.3）中的每个示范技术、运行和节能表现的详细的评估结果。汇总示范项目成果。每份项目报告都要总结成项目简介或案例分析，并用统一的形式做成文稿演示。

（7）示范成果的传播——召开研讨会，讨论示范项目取得的成果。示范厂对实施的示范项目做文稿演示，主要侧重项目中涉及的节能技术、技能方案、投资情况、节能数据、实际经济状况、预计的温室气体减排量并提出相应的建议。研讨会还会对整个示范项目进行总体评价，对MTE-BRB支持的相关项目给出建议，支持政府在提高农村建筑行业的节能工作中做出的努力。

产出4.2：制定并传播农村节能砖生产和节能建筑应用技术指导方针

通过具体的活动帮助和支持农村制砖企业和建筑开发商，确保这些企业有足够的能力参与到中国农村节能砖生产和节能建筑开发的项目中。开展能力建设活动，提高农村制砖企业和建筑开发商在节能建筑设计和节能建筑技术应用上的能力。通过开展具体活动，实现这一主要产出，使农村制砖企业和建筑开发商能够开发并实施这一成果，促进节能砖的生产和节能建筑的开发。

（1）评估地方节能砖生产企业的经济能力——本活动主要是评估地方生产厂家的可行性研究及地方节能砖生产、其他节能建筑材料和相关的机器设备的具体要求。评估报告应注重对地方生产节能建筑材料行业（特别是节能砖）评估结果，并针对结果提出建议。在农村地区举办一系列的节能砖市场开发的研讨会，会上向当地制砖企业提交评估报告并作解释。还应该对地方工程或咨询公司的从业能力进行评估，确保他们在节能砖生产厂家和节能设施的设计、工程设计、运行和维护方面提供较好的技术服务。

（2）评估地方建筑服务供应商的能力——本活动主要是评估现在市场上，特别是在农村地区提供建筑服务即节能建筑设计、工程设计、施工和节能建筑的运行和维护的地方建筑从业者的能力。评估报告应将重点放在对地方建筑服务的评估结果上，并对这一结果提出建议。在农村地区举办一系列的节能砖市场开发的研讨会，会上向地方的建筑从业者提交评估报告并对报告做出相应的解释。

（3）制定技术指南——本活动是为节能砖生产和节能建筑项目制定指导方针。节能砖生产——制定工程设计和农村节能砖生产的指导方针。为此，开展评估活动，包括但不局限于以下几个方面：①技术上可行且制砖厂有可能接受的其他节能方案（根据不同的天气特点、热需求、当地人的习惯、能力）；②可获取的原材料、制砖用的燃料，其他可选择的原材料和燃料；③现在市场上砖的节能性能；④砖产品节能性能的提高潜力。

节能建筑开发——参考以前政府在开发农村示范建筑方面做的工作，为不同的示范节能建筑制定详细的建筑和工程规格。这包括设计节能建筑施工图纸、为农村节能建筑的规划和运用设计节能建筑系统指南。

（4）设计、实施能力开发——根据已开展的两个评估活动，分别开展两个能力建设。一个是针对地方制砖行业，另一个是针对地方建筑从业者。前者包括在农村制砖厂和建筑开发商业务拓展和管理的能力开发活动中；后者主要是向 MOHURD（住房和城乡建设部）人员提供建筑领域节能减排的培训并向地方工程、建筑公司提供有关节能建筑材料应用、生产技术方面的综合培训。

每年在不同的农村地区开展培训并对每次的培训活动的效果和影响进行评估，重点评估培训对节能建筑材料（例如节能砖）及应用、节能建筑设计和建造中的基本原理运用的效果和影响。在 MTEBRB 项目结束后，住房和城乡建设部负责每年组织培训。

（5）农村节能制砖和建筑行业节能减排项目开发和计划——本活动是

向农村制砖厂、农村建筑开发商、建筑行业从业者和地方政府提供技术支持，促进节能减排活动在中国农村建筑领域广泛地开展。制定节能制砖和节能建筑新的项目建议书，对项目的安排、成本-收益分析（例如节能潜力和温室气体减排）及融资计划等提供支持。向感兴趣的地方和国外的投资商提供建议书。

产出 4.3：建设推广项目

根据已完成或在建示范项目的情况，实施多个推广项目，展示示范项目的技术效果及节能表现。在不同的地形、地貌、气候、经济和资源条件下开展不同的示范项目，并把上面提到的有效的商业模型和运营程序在几家制砖企业和乡镇企业里推广。

在项目实施过程中，将开展以下活动：

（1）评估示范项目的技术和节能效果、成本和融资机制——监测各个示范点的运行情况并对监测过程中收集的数据进行分析。不仅要评估每个示范项目的运行和节能表现，而且要评估项目的经济、环境和社会影响。撰写在任务 3 中每个示范项目的项目简介，总结经验教训。确定及报告每个示范项目的推广潜力包括推广的可行性和推广要求。

（2）推广点的筛选和开发——根据示范项目的评估结果及推广潜力和可行性的分析，制定推广点筛选标准和筛选程序。成立推广企业选择委员会，开展调查，确定候选企业。在项目指导委员会和技术顾问委员会的指导下，推广企业选择委员会按照各方研究通过的筛选标准和筛选程序确定 60 个推广项目。如需要，还会再开展可行性研究，收集基线数据和制定项目执行计划过程中向示范企业提供技术支持。

（3）为推广项目的设计和实施提供技术支持——和示范项目相似，主要在项目工程设计、技术和经济可行性研究以及工程设计方面给予支持。也帮助审核每个项目点运行和维护的融资申请，帮助示范厂从银行或金融机构获得贷款。设备安装和调试期间，向每个推广点提供技术支持（如需要）。厂家和 MTEBRB 项目人员运用监测和评估系统定期对推广项目进行监测。MTEBRB 项目团队和示范厂负责收集、分析运行数据，以此来评价项目的效果、可靠性，找出不完善和有待改进的地方。所有收集的信息以及项目实施效果都应上传至 RBSD。认真记录推广成果并对其进行评估，为制定国家实施路线提供参考。

第三章 技术与政策创新

第一节 节能砖技术创新

一、实心黏土砖到节能砖的技术瓶颈跨越

（一）实心砖、多孔砖到保温多孔砖的技术提升

节能砖是指以页岩、黏土（限西北黏土资源丰富的地区）或以煤矸石、粉煤灰、淤泥等工业固体废弃物为主要原料烧制而成，节约资源28％以上（相对实心制品）；具有矩形条孔，并添加成孔材料或复合绝热材料成为矩形砖或砌块类产品。其有较高的绝热性能，可以与建筑物同寿命、有高安全性。只用单一材料就能满足不同气候带使用，使建筑物节能达到50％～65％目标，达到对墙体围护结构体系的要求。节能砖特别适合农村建筑，耐火等级达到不燃，节约原材料15％～20％。

节能砖与传统黏土实心砖在生产工艺上比较，具有节土、节能等优点，是性能优越的新型节能墙体材料，主要用于建筑物的承重或填充结构，且特别适合农村建筑。多孔砖性能提升后，原370毫米、490毫米实心砖墙可分别由240毫米、370毫米多孔节能砖墙替代。

项目初期实心砖产品在我国广大农村普遍使用，其产品本身不具备节能功能并浪费资源，在项目推动下，实现了由实心砖、圆形多孔砖到矩形条孔砖的产品技术升级。节能砖保温围护结构有望成为我国农村节能建筑的主要建筑结构形式，成为我国农村节能建筑材料的主力军，由此进一步推动传统砖瓦向节能砖产品转型升级。相关效果图见示意图3-1。

（1）烧结制成的空心加微孔材料制品（加入引气剂或聚颗粒、锯末、粉煤灰、含有大量挥发物的江湖淤泥或污泥）或非烧结制成的空心加微孔材料制品（加入陶粒、珍珠岩、蛭石、浮石等轻集料）。国外已大量生产

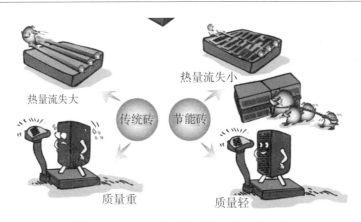

图 3-1　实心砖与多孔砖性能比对示意图

和应用烧结制成的空心加微孔材料制品（图 3-2），项目刚开始的时候，我国在这方面研发工作才刚刚开始，市场上很少，这类制品在生产中对设备及装备要求极高，如装备跟不上的话，其制品强度将会大幅呈立方下降，严重影响制品的使用性能。

项目开始时，国内仅有少数企业在研制节能砖生产，如平湖广轮新型建材公司开发的利用江河湖泊淤泥烧结的新型节能烧结保温砖新产品——节能保温空心砖，其产品性能：强度≥MU5；密度≤1 100 千克/米³；孔洞率≥38%；240 砌体热阻≥0.73 米²·开/瓦，墙体传热阻 R0≥0.88 米²·开/瓦，如图 3-3。

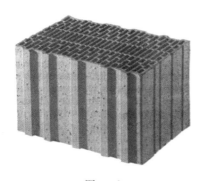

图 3-2

图 3-3

（2）烧结薄壁多排矩形孔多孔砖、空心砖和空心砌块制品，国外已大量生产和应用（图 3-4），按照法国砖瓦技术中心的研究试验，一块空心砖一排孔洞时（孔洞宽大于 20 毫米），其热阻值为 0.14 米²·开/瓦。如增加到 6 排孔洞，则可增加阻值约为 0.84 米²·开/瓦。一般来说水平孔的空心砖孔洞宽度不小于 15 毫米，竖孔多孔砖的孔洞宽度不小于 12 毫米。另外，尽可能地加长热传导在孔壁中的流程，把水平连接孔壁交错排列，这样可以增加热阻值 10％～20％。烧结薄壁多排矩形孔多孔砖、空心砖和空心砌块制品具有一定的保温性能，基本上可满足我国 50％节能标准需要，较适宜我国寒冷的南部地区及夏热冬冷和夏热冬暖地区，加之其装备水平我国基本能够达到，目前在我国已逐步推广，且发展势头较快（图 3－5）。但此类产品作为单一围护结构很难达到我国寒冷北方及严寒地区节能标准要求，必须增加复合保温结构才能满足我国建筑节能规范的要求。

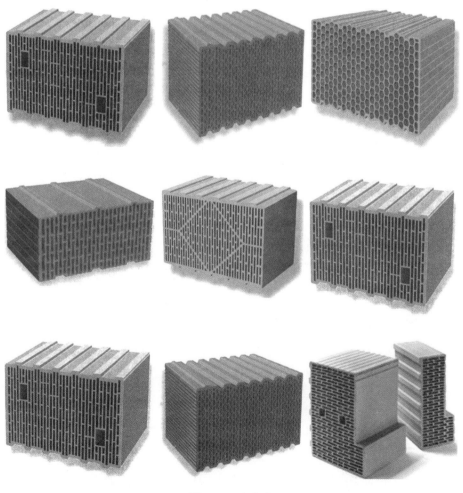

图 3－4　多孔砖

图 3-5 异形空心砖

（二）多孔空心砖到复合保温砖的技术升级

用保温隔热材料（如聚苯聚合物等绝热材料）在原有建筑材料上进行复合的材料制品，以复合保温砖为代表的复合墙体材料，此类材料既保持了制品的性能，又复合了绝热制品的保温性能，使得制品性能大为提高。复合保温砖和砌块通常是用绝热材料聚苯乙烯泡沫塑料（EPS）热塑发泡成型在空心砖或空心砌块的孔洞内所复合成的带灰缝阻热条的复合保温砖和砌块，也称为自保温复合空心砖和砌块（图 3-6）。其他新型自保温墙体材料如混凝土复合砌块和保温墙板，主要是混凝土砌块加绝热材料复合砌块（图 3-7）。

图 3-6 自保温复合空心砖和砌块

复合保温砖和砌块砌成的墙体保温主体材料聚苯乙烯泡沫塑料等绝热材料是复合成型在墙材孔洞内，能有效地消除热桥，同时孔洞填满了绝热

图 3-7　复合砌块

材料，有效地消除了对流传热，减少了传热面积，同其他保温墙体相比，施工简单，造价低，且其使用寿命（耐候性）与建筑物相一致，不需特殊施工方法和外保温措施。由于孔洞填满了憎水的聚苯乙烯泡沫塑料加上阻桥，大大提高了墙体的防水性能，对南方多雨地区可起到很好的防护作用。另外其墙面由砌块、空心砖的砖面构成，与外墙饰面所用黏结料（水泥）的结合，是无机与无机的结合，容易黏结且黏结强度高，使外墙饰面（无论面砖饰面还是涂料饰面）施工简单、高效、稳固而不易产生空鼓脱落等现象。

项目相关节能砖产品专利如下表 3-1。

表 3-1　节能砖产品专利

知识产权类别	知识产权具体名称	国家（地区）	授权号	授权日期	证书编号	权利人
实用新型专利	阻桥砖（1）	中国	CN 303145271 S	2015.03.25	中华人民共和国国家知识产权局	陕西沃特建材科技发展有限公司

（续）

知识产权类别	知识产权具体名称	国家（地区）	授权号	授权日期	证书编号	权利人
实用新型专利	阻桥砖（2）	中国	CN 303145272 S	2015.03.25	中华人民共和国国家知识产权局	陕西沃特建材科技发展有限公司
实用新型专利	阻桥砖（3）	中国	CN 303145273 S	2015.03.25	中华人民共和国国家知识产权局	陕西沃特建材科技发展有限公司
实用新型专利	一种新型复合保温砖或砌块	中国	CN 203049830	2013.7.10	中华人民共和国国家知识产权局	陈怀祖

二、资源消耗型行业转型为综合利废型行业

节能砖生产原料少用甚至不用天然资源，大量利用工业、农业废料和生活废弃物，为废弃物资源综合利用提供了有效途径；同时使用节能砖建筑的墙体拆除后，废旧节能砖可实现再生循环利用，不会成为污染环境的废弃物。

（一）节能砖原料

目前，节能砖原料（图 3-8）已由单一的黏土扩大到页岩、淤泥以及

图 3-8　节能砖原料

煤矸石、粉煤灰、矿渣等含有黏土矿物的工业废渣，还包括工业垃圾和生活垃圾等，这些均属于烧结制品的原料范畴。我国北方黄土高原、南方丘陵地带、江河湖海的沉积物蕴藏着丰富的土源；四川、湖南、吉林、甘肃等省广泛分布着页岩；辽宁、陕西、河北、安徽、山西等省出产大量煤矸石；全国大的工业基地又有粉煤灰和繁多的其他工业废渣。这些大量的多渠道的原料来源为节能砖工业的发展奠定了基础。

（二）节能砖生产原料处理

节能砖原料要经过原料风化、去除杂质、准确配料，严格控制原料的粒度和颗粒级原配，保证坯体的成型性能和砖坯的密度降低烧成与干燥收缩值等（图3-9）。

图3-9 节能砖生产原料处理

（1）节能砖生产原料破碎处理。高端节能砖原料破碎处理已采用雷蒙磨或立磨系统（图3-10）。

图3-10 节能砖生产原料破碎处理

（2）节能砖生产原料的陈化与均化处理。节能砖使用的原料性能是确定生产工艺的首要条件，原料的可塑性、干燥敏感性等工艺参数则是直接影响到成品质量和性能的内因。而合理的原料处理工艺可以很好地改善原料的工艺性能，提高产品质量。因此原料的陈化十分必要，陈化可将泥料中的水分、颗粒进一步均化疏解，原料中的细颗粒含量增加，原料的可塑性提高，使坯体成型性能增强，坯体强度也随之明显提高，提高产品质量，通常应用大型陈化库进行陈化处理（图3-11）。

图3-11　节能砖生产原料的陈化与均化处理

　　坯料制备是半成品质量好坏的关键，从陈化库出来的泥料在进入挤出机以前，除正常的搅拌、对辊工序外，应采用集搅拌、混合、净化为一体的圆盘筛式给料机（或轮碾机或搅拌挤出机）混练，进一步确实保证坯体的成型性能（图3-12）。

图3-12　圆盘筛式给料机

三、装备创新的技术革命

　　长期以来，我国砖瓦企业90%位于农村属中小企业，且大部分仍未摆脱落后生产工艺的模式，简单、粗放、设备简陋，国外早已淘汰的轮窑及高能耗低水平隧道窑在20世纪六七十年代开始进入我国，成为砖瓦工业的主力军。砖厂劳动强度大，一道搅拌、一道对辊、一台挤出机，自然干燥、轮窑焙烧，产品质量一度低下，产品品种仅限黏土实心砖。

项目初期，我国砖瓦行业绝大多数企业还是轮窑加低档挤出机式的作坊经验化生产，特别是乡镇制砖企业尤为严重。项目开展期间，节能砖在我国广大农村推广和应用后，显著提升砖瓦生产的工艺、装备水平，如采用先进自动化、智能化装备机械和隧道窑生产。由普通实心砖轮窑生产升级到低能耗高水平隧道窑生产线，生产水平发生很大变化，装备水平由普通装机到全自动化生产线（图3-13、图3-14、图3-15）。

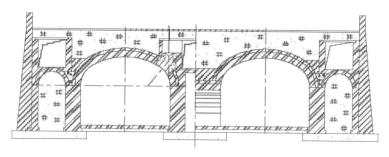

图 3-13 轮窑剖面图

图 3-14 轮窑实物图

图 3-15 隧道窑实物图

　　项目实施期间共进行技术改造和产品推广的厂家有 9 个，推广省份达到 24 个，全部顺利完成了技术改造。9 家企业在项目生产周期内总计节能 29.1 万吨标煤，减排二氧化碳气体 151.1 万吨。同时总结整理出了一批高效、适用、成熟的制砖行业节能技术。有效地推动了制品空心化资源节约化产品节能化生产及应用技术、干燥余热利用技术、焙烧窑炉密封技术、焙烧窑炉保温技术、干燥室保温密封技术、电机无功就地补偿技术、电机变频调速技术、节能风机技术、节能真空技术、内掺燃料均匀供给技术、窑门密封技术、窑炉节能测试技术等应用节能技术精华的广泛利用和节能减排技术在行业的广泛推广。同时也促进了新的节能减排技术、"偶流式"及"微波"干燥技术、全煤矸石砖厂余热发电技术的完善、成熟和在行业的实施。经过专家评估论证，这些技术不仅适用于中国制砖行业，也适合其他一些发展中国家的制砖行业，目前，我国砖瓦行业已在"节能砖和农村节能建筑市场转化项目"的推介和国际合作下，在"一带一路"的相关国家，开展了墙体屋面产品生产厂建设，输出我们的优良设计、装备，并推介了我国的相关标准。如孟加拉国联合国开发计划署（UNDP）、联合国工业发展组织（UNIDO）项目完全采用我国联合国开发计划署、联合国工业发展组织项目相关成果，中国建材西安墙体材料研究设计院在帮助刚果（布）政府开展的"刚果共和国马夸建材工业园区工程"项目也已经开工建设；北京双鸭山东方墙材集团有限公司在中亚的哈萨克斯坦、乌兹别克斯坦，南亚的印度、孟加拉国以及俄罗斯等国，承建了多个烧结砖生产厂。由于当地相关技术的欠缺，产品的质量控制均是执行我国的相关标准。这些项目的开展，帮助当地政府和民众利用地方资源获得不可或缺的建筑材料，并培养了一批技术和生产人员，同时带动了我国墙体屋面材料行业走出去，实现了我国先进的墙体屋面材料生产技术对"一带一路"的相关国家技术输出，特别是"节能砖和农村节能建筑市场转化项目"节能砖生产技术及装备的技术输出。

　　目前，我国节能砖生产线已基本上实现了机械化自动化生产及包装运输。比如淄博功力机械制造有限责任公司，在国外新技术引进创新集成方面推动了节能砖装备的总体升级，获得了一系列专利（表 3-2），开展了煤矸石、页岩、粉煤灰、炉渣、建筑垃圾、城市清土、河道淤泥等固废综合利用设备的研发与制造，开发制造了砖瓦行业内的高原砖机、JZK120 挤砖机组、JKY60/60 双级真空挤砖机组、YSG190 圆筛等先进产品（图 3-16、图 3-17）。

表 3-2　淄博功力机械制造有限责任公司获得的知识产权

知识产权类别	知识产权具体名称	国家（地区）	授权号	授权日期	证书编号	权利人
发明专利	高原砖机	中国	ZL201310731163.2	2016.3.2	中华人民共和国国家知识产权局	功力机器有限公司
发明专利	单轴强力搅拌揉练机	中国	ZL201210594561.X	2015.3.25	中华人民共和国国家知识产权局	淄博功力机械制造有限责任公司
发明专利	烧结砌块挤出成型机	中国	ZL200710114565.2	2010.9.15	中华人民共和国国家知识产权局	淄博功力机械制造有限责任公司
实用新型专利	挤砖机主轴承室循环润滑系统	中国	ZL201420844061.1	2015.7.8	中华人民共和国国家知识产权局	淄博功力机械制造有限责任公司
实用新型专利	凸缘夹壳式联轴器	中国	ZL201420845311.3	2015.5.20	中华人民共和国国家知识产权局	淄博功力机械制造有限责任公司
实用新型专利	挤砖机机口模具	中国	ZL201420846775.6	2015.5.20	中华人民共和国国家知识产权局	淄博功力机械制造有限责任公司
实用新型专利	挤砖机真空盖辅助开启装置	中国	ZL201420850853.X	2015.5.20	中华人民共和国国家知识产权局	淄博功力机械制造有限责任公司
实用新型专利	砖机真空室视窗负压在线擦除装置	中国	ZL201420846141.0	2015.5.20	中华人民共和国国家知识产权局	淄博功力机械制造有限责任公司
实用新型专利	真空挤出机挤出装置	中国	ZL201320869748.6	2014.9.24	中华人民共和国国家知识产权局	淄博功力机械制造有限责任公司
实用新型专利	双轴搅拌机	中国	ZL201320869749.0	2014.7.9	中华人民共和国国家知识产权局	淄博功力机械制造有限责任公司
实用新型专利	真空挤出机碎泥装置	中国	ZL201320868532.8	2014.6.18	中华人民共和国国家知识产权局	淄博功力机械制造有限责任公司

（续）

知识产权类别	知识产权具体名称	国家（地区）	授权号	授权日期	证书编号	权利人
实用新型专利	真空挤出机机口	中国	ZL201320869411.5	2014.6.18	中华人民共和国国家知识产权局	淄博功力机械制造有限责任公司
实用新型专利	泥料搅拌机用搅拌刀	中国	ZL201220750855.2	2013.7.24	中华人民共和国国家知识产权局	淄博功力机械制造有限责任公司
外观专利	挤砖机	中国	ZL201503003486.4	2015.7.8	中华人民共和国国家知识产权局	淄博功力机械制造有限责任公司

图 3-16　JZK120 重型双级真空挤砖机组

图 3-17　JKY60/60 双级真空挤砖机组

（一）节能砖生产真空挤出机成型

目前节能砖的生产基本上采用真空挤出成型，生产中真空挤出机的出口加工精度和设计的合理性对坯体成型起到很大的影响；可调机口能使挤出的保温砌块均匀从中挤出，生产一般采用高性能的真空挤出机及配套系统（图 3-18）。

图 3-18　真空挤出机挤出装置

（二）节能砖生产的切坯、码坯、运坯

节能砖生产切坯、码坯、运坯通常采用自动化切、码、运设备和自动上（下）架机组系统设备或机械手码窑系统（图 3-19）。

图 3-19　切坯、码坯、运坯

（三）节能砖生产的干燥工艺

目前节能砖生产的干燥工艺通常采用先进的自动化控制系统的隧道干

燥室和室式干燥室。

（四）节能砖生产的焙烧工艺

目前，我国的节能砖生产焙烧工艺通常采用先进的大断面平顶隧道窑，4.6米、6.9米、9.2米、10.3米大断面平顶隧道窑在我国已成功应用，大断面平顶隧道窑设有抽热系统、排烟系统、燃烧系统、冷却系统和自动化控制系统，这些系统实现了自动化调整，窑内的焙烧制度已实现了自动化调控。隧道窑烧结制砖工艺以产量大、能耗低、自动化程度高、产量质量稳定、窑炉烧成参数可控等特点，已成为当今国际上最先进的制砖工艺（图3-20、图3-21、图3-22）。

图3-20　自动化转运系统

图 3-21 燃烧系统

图 3-22 控制系统

（五）高保温砖复合保温砖和砌块生产系统

目前，我国的节能砖中高保温砖复合保温砖和砌块生产工艺通常采用先进的热塑 EPS 注孔生产工艺技术，用绝热材料聚苯乙烯泡沫塑料（EPS）热塑发泡成型制品注入孔洞中间，形成保温绝热结构，此类产品作为单一围护结构唯一能够达到我国寒冷的北方及严寒地区节能标准要求，较适宜我国寒冷的南方地区及夏热冬冷及夏热冬暖地区的产品（图 3-23）。

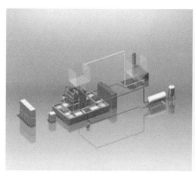

图 3 - 23　高保温砖复合保温砖和砌块生产系统

（六）节能砖产品的装卸和打包

节能砖产品的装卸和包装，目前已实现了机器人或自动化卸载和自动化编组打包（图 3 - 24）。

图 3 - 24　节能砖自动装卸打包

四、节能砖生产及应用系列标准体系构建与完善

进入"十二五"以来我国墙体屋面及道路用建筑材料行业转型加快，为适应及引领行业技术进步，填补产品空白，我国相关标准化组织全国墙体屋面及道路用建筑材料标准化委员会加快了标准制修订步伐，特别是节能砖与农村节能建筑市场转化项目启动，极大地促进了我国节能砖标准的制修订步伐，从 2011 年开始国家标准《烧结多孔砖和多孔砌块》GB 13544—2011、《烧结保温砖和保温砌块》GB 26538—2011 颁布实施，2012 年国家标准《复合保温砖和复合保温砌块》GB/T 29060—2012 颁布实施、2014 年国家标准《烧结空心砖和空心砌块》GB/T 13545—2014、《砖瓦工业大气污染物排放标准》GB 29620—2013、《烧结墙体材料单位产品能源消耗限额》GB 30526—2014、《墙体材料当量导热系数测定方法》

GB/T 32981—2016 颁布实施，极大地完善了我国节能砖制品及方法标准，在引领我国墙体屋面及道路用建筑材料工业行业向节能环保技术进步和转型起到了关键作用。目前节能砖制品标准的变化，促使我国节能砖生产企业按新标准要求组织生产，如国家标准《烧结多孔砖和多孔砌块》GB 13544—2011 关键指标强度、孔洞率及孔型变化大幅度提高了制品壁肋要求，目前低端淘汰装备已无法生产合格的烧结多孔砖和多孔砌块产品。因此，节能砖生产企业要生产合格制品，须大幅度提升生产装备及工艺水平，特别是提升原料粉碎、原料陈化及挤出成型系统技术水平，才能按标准要求组织生产。再比如《烧结保温砖和保温砌块》GB 26538—2011 和《复合保温砖和复合保温砌块》GB/T 29060—2012 两项标准分别对我国这两类节能制品相关性能进行了规范和规定，标准关键节能性指标以传热系数 K 值确定，做到了与建筑应用的统一，进一步推动了我国烧结节能制品的发展，同时也对节能砖生产企业提出了更高要求，节能砖生产企业应在产品选型如孔洞率、孔型、排列方式及原料成孔材料配制以及增添复合工艺等方面进行科技进步及技术提升，才能生产出合格的节能砖产品。因此，节能砖的推广在砖瓦行业能有效引领砖瓦行业切实转变思维方式和发展模式，发展绿色砖瓦产品，提升砖瓦行业绿色发展、循环发展、低碳发展水平，推进砖瓦行业绿色、健康、智能、低碳制造，满足经济社会发展和国家建筑节能、建筑安全需求，推进砖瓦工业节能减排、科技创新、绿色制造和可持续发展，服务绿色建筑、节能建筑、生态建筑、海绵城市建设、美丽乡村、特色小镇建设以及促进我国建筑工业化、建筑部品化和践行"一带一路"倡议，加快砖瓦工业转型发展，推进砖瓦行业供给侧结构性改革，实现转型升级，结构调整势必具有决定性意义。

　　项目通过支持开发、示范、宣传贯彻国家新的强制性节能砖生产标准，有力地推动了中国砖瓦行业的转型升级和结构调整，使节能砖在农村地区市场占有率提高到了 30%。节能砖标准包涵于墙体屋面及道路用建筑材料标准化体系中，节能砖标准体系包括基础标准、产品标准、试验方法标准、能源利用与管理标准。7 个节能砖标准适用范围见表 3-3。

表 3-3　节能砖相关标准

序号	标准名称	适用范围
1	《烧结多孔砖和多孔砌块》GB 13544—2011	适用于以黏土、页岩、煤矸石、粉煤灰、淤泥（江河湖淤泥）及其他固体废弃物等为主要原料，经焙烧制成主要用于建筑物承重部位的多孔砖和多孔砌块。

（续）

序号	标准名称	适用范围
2	《烧结空心砖和空心砌块》GB/T 13545—2014	适用于以黏土、页岩、煤矸石、粉煤灰为主要原料，经焙烧而成主要用于建筑物非承重部位的空心砖和空心砌块。
3	《轻集料混凝土小型空心砌块》GB/T 15229—2011	适用于工业与民用建筑用轻集料混凝土小型空心砌块。
4	《烧结保温砖和保温砌块》GB 26538—2013	适用于以黏土、页岩或煤矸石、粉煤灰、淤泥等固体废弃物为主要原料制成的，或加入成孔材料制成的实心或多孔薄壁经焙烧而成，主要用于建筑物围护结构的保温隔热的砖和砌块。
5	《复合保温砖和保温砌块》GB/T 29060—2012	适用于主要由绝热材料与砖或砌块在工厂预制复合而成的，用于砌筑建筑物自保温墙体的复合保温砖或复合保温砌块。
6	《烧结砖瓦能耗等级定额》	适用于对各种烧结砖瓦单位产品能耗等级的评定。
7	《砌墙砖当量导热系数的测定方法》	标准适用于各类砌墙砖。包括烧结砖（砌块）块、混凝土砖（砌块）、蒸压灰砂砖、粉煤灰砖、煤渣砖和碳化砖等。

上述相关节能砖国家产品标准已正式实施，对节能砖产品的技术规格和参数做出了规定，同时制定相应的产品砌筑工法，从而使节能砖从生产到应用的各个技术环节更科学、规范。

第二节　节能建筑技术与标准创新

我国城市建筑节能相应的政策、法规、标准、管理体系等已基本健全。相比城市，农村住房建设一直属于农民的个人行为，基本是自建，农村住房的设计、建造施工水平较低。项目启动之时，国内尚无统一的农村建筑节能相关标准。为形成像城市建筑节能一样完善的标准体系，节能砖项目致力于标准体系创新研究，加快农村建筑节能标准体系建立的步伐，使得农村建筑节能工作有章可循。

一、建立健全农村建筑节能技术标准体系

在项目开展初期，我国对城市建筑的节能已经有了明确的目标和技术标准，但在农村建筑方面还是空白。农村居住建筑的建造仍是以农民自建为主，建造主体是农民工匠。为了适应农村居住建筑的现状，有效指导基层的技术人员和有一些建筑知识的农民自建节能住房和进行节能改造，在项目期间，制定和实施了 GB/T 50824—2013《农村居住建筑

节能设计标准》，该标准为我国第一部针对农村建筑节能的标准，填补了农村建筑节能建设参考的空白，将我国推进农村居住建筑节能工程建设的工作，纳入了标准规范化发展的轨道。《农村居住建筑节能设计标准》中不仅对农村居住建筑围护结构提出了节能指标，并且根据农村现状，全面、系统地提供了一些适用于农村居住建筑的、利用当地资源的低成本、低运行费用的建筑节能技术，让农民买得起、用得起。在推广应用常规节能保温材料的基础上，充分发挥农村特有的资源优势，增加了农村特有的节能材料和围护结构节能构造形式。对农村传统的供暖、通风、照明系统进行节能优化设计，同时提出了适合在农村现有经济条件下应用的可再生能源利用新技术。通过节能技术的应用实施，农村居住建筑节能率能达到50％以上。

该标准适用于不同气候区、符合农村实际情况，吸收了村镇示范工程的经验，对促进我国农村居住建筑节能技术的应用，降低农村地区建筑能源消耗，改善农村居住建筑室内热环境，提高农村住房建设技术人员的整体素质，推进我国农村居住建筑节能设计科学化和标准化具有重要意义。该标准具有科学性、先进性和可操作性，总体上达到了国际先进水平。

结合农村居住建筑特点及技术经济条件，从节能要求出发，合理确定了农村居住建筑的建筑热工设计指标；规范了规划布局与平立面设计原则；提出了围护结构节能技术、供暖与通风技术及可再生能源利用技术，主要针对农村集体土地上建造的用于农民居住的分散独立式、集中分户独立式（包括双拼式和联排式）低层建筑的节能设计进行规定，不包括多层单元式住宅和窑洞等特殊居住建筑。适用于农村新建、改建和扩建的居住建筑节能设计。考虑到目前中国农村居住建筑的特点，对于严寒和寒冷地区，所指的农村居住建筑为2层及以下的建筑。主要节能技术要点：

（一）节能计算室内热环境参数的选取

分别对严寒和寒冷地区、夏热冬冷地区、夏热冬暖地区的农村居住建筑的卧室、起居室等主要功能房间室内热环境参数的选取进行了规定。该室内热环境参数为建筑节能计算参数，而非供暖和空调系统设计的室内计算参数。该参数的确定是通过大量的实际调查和测试获得的。

根据调查与测试结果，严寒和寒冷地区冬季农村大部分住户的卧室和起居室的温度范围为5~13℃，超过80％的农民认为冬季较舒适的室内温度为13~16℃。由于农民经常进出室内外，这种与城镇居民不同的生活习惯，导致了不同的穿衣习惯，农民对热舒适认同的标准低于城市居民的要求。规定严寒和寒冷地区农村居住建筑的卧室、起居室等主要功能房间的冬季室内计算温度应取14℃。夏热冬冷地区农村居住建筑的冬季室内平均温度一般为4～5℃，有时甚至低于0℃，大多数农民对室内热环境并不满意。在无任何室内供暖措施的情况下，如果将室内最低温度提高至8℃，则能够满足该气候区农民的心理预期和日常生活需要。夏季室内热环境满意程度要好于冬季，多数农民认为只要室内温度不高于30℃就比较舒适。通过围护结构热工性能的改善和当地农民合理的行为模式，能够基本达到上述目标。夏热冬暖地区冬季室外温暖，绝大部分时间室温高于10℃，能基本满足当地居民可接受的热舒适条件。夏季由于当地气候炎热潮湿，造成室内高温（自然室温高于30℃）时段持续时间长。考虑到农民的经济水平和可接受的热舒适条件，仍把自然室温30℃作为室内热环境设计指标。

（二）建筑布局与节能设计

1. 对农村居住建筑进行合理布局与节能设计

农村居住建筑节能存在多方面的影响因素，针对农村居住建筑的特点，在建筑布局和建筑设计方面，从选址、朝向、平立面设计到充分利用建筑外部环境等方面提供了诸多节能设计要求，以期从设计层面使农村居住建筑获得最大的节能效果。在选址和布局中，提出严寒和寒冷地区农村居住建筑宜建在冬季避风的地段；建筑南立面不宜受到过多遮挡；建筑与庭院内植物之间的距离应满足采光与日照的要求；宜采用双拼式、联排式或叠拼式等节省占地面积、减少外围护结构耗热量的布局方式，限制独立式建筑的建设。在平立面设计中，对不同气候区的农村居住建筑提出了不同的体形设计要求。严寒和寒冷地区的农村居住建筑，采用平整、简洁的建筑形式，体形系数较小，有利于减少建筑热损失，降低供暖能耗；夏热冬冷和夏热冬暖地区的农村居住建筑，采用错落、丰富的建筑形式，体形系数较大，有利于建筑散热，改善室内热环境。本着节能和舒适的原则，对农村居住建筑的卧室、起居室等主要房间，提出宜布置在日照、采光条件好的南侧；厨房、卫生间、储藏室等辅助房间由于使用频率较低，使用时段较短，可布置在日照、采光条件稍差的北侧或东西侧；夏热冬暖地区的气候温暖潮湿，考虑到居住者的身体健康，卧室宜设在通风好、不潮湿的房间。针对目前农村居住建筑设计中存在外窗面积越来越大，而同时可开启面积比例相对缩小的趋势，为减少外窗的耗热量，保证室内在非供暖季有较好的自然通风环境，对严寒和寒冷地区的农村居住建筑，按照不同朝向，提出了窗墙面积比的推荐性指标；规定了不同气候区农村居住建筑外窗的可开启面积不应小于外窗面积的百分比。此外在平立面设计中，还对农村居住建筑的朝向、功能空间的尺寸提出了具体要求。

2. 充分利用太阳能建造被动式太阳房

建造被动式太阳房是一种简单、有效的冬季供暖方式。在冬季太阳能丰富的地区，只要建筑围护结构进行一定的保温节能改造，被动式太阳房就有可能达到室内热环境所要求的基本标准。由于农村的经济技术水平相对落后，应在经济可行的条件下进行被动式太阳房设计，并兼顾造型美观。该标准中对被动式太阳房的朝向、建筑间距、净高、房屋进深、出入口、透光材料等进行了规定，并根据房间的使用性质，提出以白天使用为主的房间宜采用直接受益式或附加阳光间式太阳房，以夜间使用为主的房间宜采用具有较大蓄热能力的集热蓄热墙式太阳房。对于每种被动式太阳房的设计提出了具体的技术要求。

（三）农村居住建筑适用节能技术选择

1. 提供适用于农村居住建筑特点的围护结构节能技术措施

围护结构保温隔热是实现建筑节能的关键环节。该标准立足于农村居住建筑的实际状况，重点在于提供低成本、高可靠性的围护结构节能技术。提出严寒和寒冷地区农村居住建筑宜采用保温性能好的围护结构构造形式；夏热冬冷和夏热冬暖地区农村居住建筑宜采用隔热性能好的重质围护结构构造形式。分别列出了各气候区适宜采用的各种围护结构节能技术措施。强调严寒和寒冷地区农村居住建筑的墙体应采用保温节能材料，不宜使用黏土实心砖；屋面应设置保温层，屋架承重的坡屋面保温层宜设置在吊顶内，钢筋混凝土屋面的保温层应设在钢筋混凝土结构层上。夏热冬冷和夏热冬暖地区农村居住建筑的屋面可采用种植屋面。

为便于农村地区应用，该标准在附录中分气候区以表格形式提供了多种外墙和屋面的节能构造形式，不仅给出了具体的节能构造图，而且给出了在不同气候区应用时的保温材料厚度参考值，使用者可以直接选用，不必再计算。为保证工程质量和节能效果，该标准中还强调了外墙夹心保温构造的拉结和围护结构热桥部分的断桥处理。

2. 合理利用可再生能源技术

农村居住建筑利用可再生能源时，应遵循因地制宜、多能互补、综合利用、安全可靠、讲求效益的原则，选择适宜当地经济和资源条件的技术来实施。有条件时，农村居住建筑中应采用可再生能源作为供暖、炊事和生活热水用能。该标准中对太阳能热利用、生物质能利用及地热能利用提出了具体的规定。在太阳能利用方面，考虑到农村的经济技术水平，只对太阳能热利用提出要求，重点对家用太阳能系统的选择、管路保温、辅助热源设置等提出规定，考虑到太阳能供热供暖系统在一些经济条件较好的地区的示范应用，该标准提出在太阳能资源较丰富地区，宜采用太阳能热水供热供暖技术或主被动结合的空气供暖技术，并强调太阳能供热供暖系统应做到全年综合利用。对太阳能系统的具体技术要求已有相关的国家标准，可参照执行。

在生物质能利用方面，由于沼气在农村居住建筑应用的普遍性，该标准主要针对沼气利用技术在安全、节能方面进行了具体规定，同时为了适应当前秸秆气化供气系统和生物质固体成型燃料技术的发展和应用，对气化机组的气化效率和能量转换率、灶具热效率提出了具体数据。并强调以生物质固体成型燃料方式进行生物质能利用时，应根据燃料规格、燃烧方式及用途等，选用合适的生物质固体成型燃料炉。

二、编制节能砖砌筑工法，推动保温砌块自保温墙体结构体系建设

项目期间，根据《砌体工程施工质量验收规范》GB 50203—2011 和《建筑工程施工质量验收统一标准》GB 50300—2013 编制了《节能砖产品砌筑工法》（详见附录 A），给出了烧结多孔砖和多孔砌块砌筑工法、烧结保温砖和保温砌块砌筑工法、复合保温砖和复合保温砌块砌筑工法。项目研究成果推动了行业标准《烧结保温砌块应用技术标准》JGJ/T 447—2018 的发布。同时针对项目开发的节能砖产品，开发了保温砌块自保温墙体结构体系。

（一）保温墙体构成

烧结注孔保温砌块墙主要以钢筋混凝土作为主要框架结构，以烧结注孔保温砌块为外墙围护结构，构成的自保温墙体，有围护墙体外包框架梁柱和砌体围护墙体嵌填在框架结构柱间的两种做法，分为承重墙体构造和非承重墙体构造，如图 3-25 所示。

烧结保温砌块主体墙的构造做法是：1∶3 水泥砂浆抹灰＋保温砌块＋混合砂浆抹灰，外墙厚度常见有 290 毫米、210 毫米和 190 毫米等。

图 3-25 烧结注孔保温砌块墙

（二）主要保温材料

烧结注孔保温砌块是在空心砌块的孔洞内采取自动化机械注入 EPS 预发颗粒，经焙烧窑余热回收锅炉产生的高温（110℃）、高压（0.5 兆帕）蒸汽成型为复合保温砌块，并在横向和竖向灰缝处设置贯穿隔热带，从而阻断灰缝热桥，增强砌块砌体的隔热保温性能，是建筑承重或非承重部位的墙体材料。注孔保温砌块材料防火等级一般为 A 级。

烧结注孔保温砌块产品抗压强度高、吸水率低、抗冻性能好、几何尺寸规整、耐久性能强、防火性好、热工性能和热稳定性好。表 3-4 给出了 3 种烧结注孔保温砌块的物性参数。

表 3-4 不同规格的烧结注孔保温砌块物性参数

烧结注孔保温砌块类型		尺寸	强度	表观密度
Kfz1 型		290 毫米×190 毫米×190 毫米	横孔：≥3.5 兆帕 竖孔：≥10 兆帕	750 千克/米³ 填充 15～18 千克/米³ 阻燃聚苯乙烯泡沫

（续）

烧结注孔保温砌块类型	尺寸	强度	表观密度
Kfz2 型	190 毫米×190 毫米×190 毫米	横孔：≥3.5 兆帕 竖孔：≥10 兆帕	760 千克/米³ 填充 15～18 千克/米³ 阻燃聚苯乙烯泡沫
Kfz2 配	210 毫米×190 毫米×190 毫米	横孔：≥3.5 兆帕 竖孔：≥10 兆帕	750 千克/米³ 填充 15～18 千克/米³ 阻燃聚苯乙烯泡沫

（三）技术分析

烧结注孔保温砌块自保温系统具有以下优点：复合保温砖的使用寿命与建筑物完全相等，无墙体脱落现象；建筑施工周期相对较短，能降低施工成本；同时该系统也需要注重建筑门窗、梁、柱等关键节点部位的施工质量，避免热桥的发生等。

以 EPS 颗粒内填充的注孔保温砌块，除各项技术性能完全符合现行国家标准《烧结空心砖和空心砌块》GB 13545—2003 和《烧结多孔砖和多孔砌块》GB 13544—2011 标准外，单一注孔保温砌块墙体无须外加保温层，热工性能完全符合现行国家标准《农村居住建筑节能设计标准》GB/T 50824—2013 的墙体传热系数指标要求。产品节能、环保、利废、节约土地资源，完全符合国家节能减排政策要求的目标。以 300 毫米厚砌块墙体为例，其实测热阻为 2.31 米²·开/瓦，相当于 1 880 毫米厚的实心砖（导热系数为 0.814 瓦/（米·开））的热工性能。

该种墙体做法优点如下：①使用寿命和后期维护方面，复合保温砖的使用寿命与建筑物完全相等，无墙体脱落现象；②建筑施工周期相对较短，能降低施工成本。缺点如下：注重建筑门窗、梁、柱等关键节点部位的施工质量，避免热桥的发生。

（四）适用范围

适合于严寒和寒冷地区新建农村居住建筑。

（五）应用现状

烧结注孔保温砌块墙结构主要还在示范推广阶段，目前在吉林、陕西、甘肃等农村地区均有示范工程。

三、创建农村建筑能效跟踪评估方法体系

为克服农村节能建筑应用和推广的技术障碍，更好地示范节能建筑的节能水平和温室气体减排效果，更好评估节能砖示范推广项目的节能效果，在项目办支持下，创建了适合农村建筑能效跟踪评估方法体系。

（一）能效评估流程和评估内容

农村新建建筑能效测评系统流程大致分为 4 个阶段（图 3-26），具体介绍如下：

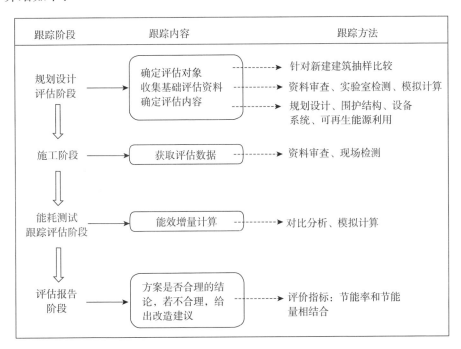

图 3-26 农村新建建筑能效测评系统流程图

1. 规划设计评估阶段

规划设计评估阶段是节能技术的系统集成，主要包括建筑规划与建筑自身的节能技术、建筑设备的节能技术和可再生能源利用的节能技术三方

面的方案选择设计评估。因此，在实施的全过程中该阶段是系统保证，主要包括建筑节能设计标准的选择、建筑节能工程施工及质量验收规范的实施和能效测评体系的实施。该阶段主要任务是：

（1）确定评估对象。主要是抽样选择项目示范地区新建建筑中一层或二层住宅的能效测评，且主要针对国家或地方进行资金资助的节能项目。

（2）收集基础评估资料。通过设计方案、施工图方案等建筑资料审查、材料的实验室检测和能耗模拟计算等方式，获取评估对象的能耗数据和运行数据资料等基础资料，同时确保所收集的资料能反映评估对象基础能耗变化规律。其中实验室检测方法采用《居住建筑节能检测标准》JGJ/T 132—2009 等。

（3）确定评估内容。包括规划设计、围护结构、设备系统、可再生能源利用的评估，其中以围护结构的评估为主。

规划设计阶段评估流程如图 3-27 所示。其中规划方案设计、初步设计和施工图设计及其审查，需结合节能设计标准等。初步设计、施工图设计审查阶段，要结合现行农村建筑节能设计标准或导则——《严寒和寒冷地区农村住房节能技术导则（试行）》《农村住房节能设计标准》（初稿）和《居住建筑节能检测标准》JGJ/T 132—2009 等，对规定性指标设计方法（按建筑节能设计标准明确规定的建筑物的体形特征、建筑围护结构热工性能参数上限和采暖空调设备的最低能效比值进行设计），要依据其方法设计特点，对节能设计进行审查，检查建设工程是否依据《农村住房节能设计标准》（初稿）对规定性指标进行了检验。这种方法设计的指标判定比较容易，比较起来较为方便。主要的审查指标包括：建筑物朝向、体

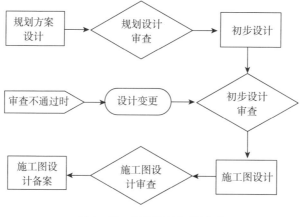

图 3-27　规划设计评估流程

形系数、各朝向窗墙比、建筑物围护结构平均传热系数、窗户气密性、采暖、通风、照明以及可再生能源利用等。

为有效避开建筑节能设计标准中对各项规定性指标的限值造成对设计的限制，增强设计的自由性和创造性，产生了节能设计的另一种方法——性能化指标设计。主要是对建筑热环境质量指标和能耗指标进行满足性、优化性设计，即不具体规定建筑物围护结构热工性能，但要求在整体综合能耗及经济性能上满足规定要求。主要审查指标包括：建筑物耗热量指标。一般该方式比较适合在南方农村地区推广。

在施工图审查阶段，各地区依据各地节能设计标准相应规定节能设计审查的要点，逐步实行节能设计审查制度。只有施工图设计通过审查，并已备案登记的建筑项目，才能取得建筑工程施工许可证，从源头上加强了对建筑节能设计标准的执行力度，将采暖能耗控制在规定水平。

2. 施工阶段

施工阶段主要是从以下三个方面进行跟踪评估，包括技术质量的跟踪评估、建筑材料或设备质量的保证和数据的获取。

（1）技术质量的跟踪评估。技术质量由建筑节能服务各个环节的技术及管理水平组成。主要包括测评科学性和准确性、替代方案设计质量、合同管理质量以及施工项目实施能力。其中，测评科学性和准确性主要是指测评方案和方法的科学性、测试结果分析的深入性、测试仪器的完备性；替代方案设计质量主要是指建筑节能替代方案的操作性、替代方案的合理性；合同管理质量主要指合同的完备性、合同执行过程中的变更程度、合同执行程度；施工项目实施能力是指施工组织管理水平、施工质量的保证性、施工技术水平。

（2）建筑材料或设备质量的保证。主要从建筑材料或设备市场入手，选择生产合格资质的建材厂家和有相关检测报告的建筑材料或设备。

（3）获取数据。结合施工资料和现场检测的方式获取数据。

3. 能耗测试跟踪评估阶段

该阶段需要计算能效增量。一般待建筑节能改造完成后，实施能耗测试跟踪评估，尤其对新建建筑实施至少2年的跟踪能耗测试，便于与非节能建筑的能耗进行比较，从而有利于节能量的修正计算。采用的方法为能耗模拟计算和对比分析两者相结合。

节能建筑测试评估参数包括：节能建筑建成后围护结构各部分传热系数的测试；各年典型月室内外温度的连续测试；2个采暖季耗煤量；2个

采暖季可再生能源消费量及其费用；各月用电量及其特征；农村住户的开关门窗、炊事等起居生活习惯等。

非节能建筑测试评估参数包括：非节能建筑围护结构各部分传热系数的测试；往年采暖季耗煤量的数据统计；往年可再生能源消费量；全年总耗电量及农村住户的开关门窗、炊事等起居生活习惯等。

上述节能建筑和非节能建筑能耗计算均涉及建立相应的建筑基础模型，但由于不同地区建筑外形风格不一，从而导致即使在同一个气候区的建筑，其计算出来的基础能耗也存在差别。因此，需要进一步研究，得到通用的简化模型。

4. 评估报告阶段

根据评估项目的能效增量计算结果，给出评估结论与建议。若评估项目能效增量在给定节能指标范围内的，给出节能实施方法合理的结论。否则，为不合理实施的结论，并给出相应的改造建议。一般来讲，先进行墙体内保温措施和节点保温做法，若改造后效果仍未能达标时，再考虑窗户更换。有必要时，再考虑墙体外保温技术措施，直至整体效果达标。

（二）能效增量计算方法

1. 能效增量计算公式

本项目主要采取对比分析法，如图 3-28 中所示的节能项目实施后的能效增量和节能率，计算式如下：

$$能效增量＝基准线能耗量－替代方案能耗量$$
$$节能率＝节能量/基准线能耗量$$

该方法主要是选取参考建筑（其形状、大小、朝向、内部的空间划分和使用功能与所设计建筑一致的建筑，其"建筑与建筑热工设计"项目必须符合规定性指标的要求）与评估建筑进行对比，建立改造前后两套模拟模型，计算全年的能源消耗量为比较"基准"，然后按同样方法计算节能建筑的能源消耗量，并结合实际测量数据校正计算结果。该方法可独立计算节能效益，也可作为上述方法的补充方案。该系统的投入应该不会增加太多成本。

软件评估提供建筑能耗的基础理论值，与实测相结合，是实施建筑能效评估的重要途径。建筑物能效特性受气候参数及人员活动的随机影响很大，关系复杂，难以用简单工具描述。在建筑能效评估中采用软件，可以

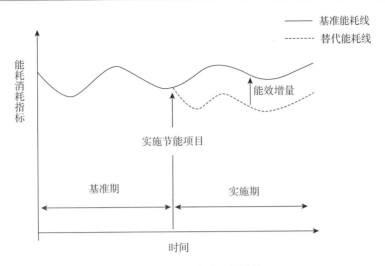

图 3-28　能效增量的计算

预测明示建筑能耗状况，加强透明度。因此，软件模拟和实测数据的评估需要两者相结合来进行。专家根据测评软件基本功能情况表，进行综合评价比对判定。

2. 基准线

（1）基准线的建立方法。对于城市建筑，一般尚能搜集到类似建筑 1 年、多年或典型季节的变化情况来总结该建筑的基准线，根据建筑的使用功能来确定。通常需要 12 个月、24 个月或 36 个月（即一整年数据或多年的数据）连续的基准年每日或每月能源数据，以及节能措施实施后的连续数据，因为模型采用的数据可能造成回归有数据偏差。

但对于农村住宅，若按城市建筑基准线的建立方法，则不一定适合。目前针对农村住宅的每时、每天或每月的室温数据和围护结构传热系数的相关测试数据还相对较少，数据采集主要受经济和农村节能意识相对滞后的影响。因此，本项目基准线的建立方法，将通过实地短期跟踪测试、农宅模型建立与模拟相结合的方式。通过典型时期实测室内温度数据、建筑耗煤量等参数与模型模拟结果的对比，来判断所建模型和模拟的正确性。一般如果两者误差不高于 10%，认为所建模型和所用模拟软件合适，便于据此来获取建筑全年的基础数据。

（2）基准线的数据收集方法。基准线文件一般要求有大量记录文件的审计、测量、检查、定点或短期的计量，可以根据用电历史记录、中国统计年鉴、中国农村统计年鉴、中国农村能源统计年鉴、各种研究报告所公布的年度数据，或通过检测仪器短期、长期的测量等实验测试结果来收集。选取当地类似户型的既有建筑或典型建筑进行连续一周或一个月的室内外温度数据监测，同时对围护结构各部分的传热系数进行测试，建立该地区农村住房建筑的基础能耗数据库。

通常为进行更全面的评估，需要收集相关的基准线信息，根据节能量计算的边界或范围确定记录信息的内容。包括：①当地典型年全年室外气象参数；②农村地区人口、面积、各种技术种类和性能、生活模式及相应变化等；③采暖季耗煤量、可再生能源消费量及其费用、各月用电量及其特征；④农村住房用能设备类型及使用特点，包括铭牌数据、位置、状况、运行时间等。图片或录像是较有效的记录方式。

（3）基准线的计算方法。根据以往收集调研的资料，建立当地农村建筑典型模型。结合模型和所收集的数据，来通过软件模拟的方法或公式来计算农村建筑的基础能耗。

3. 替代方案

（1）替代方案的建立方法。根据当地建设规划，充分利用当地太阳能等资源条件，坚持以低碳经济和生态节能的原则，以探索农村经济、建筑、能源、环境和可持续发展为工作重点，挖潜与节能相结合，并以此作为当地可持续发展的基础与对外宣传的重要名片，促进当地生态农业、绿色能源产业和整体经济的健康发展。针对节能建筑，遵照节能标准或导则，结合经济情况和人文习惯，选择合适的技术替代方案。依照指标体系，分项建立替代方案，比如围护结构、采暖空调系统、可再生能源利用等。

（2）替代方案的数据收集方法。替代方案数据的收集主要从三个方面着手：设计施工图纸和企业材料产品验收材料的资料调研、施工组织或项目管理人员的交流调研和项目现场的测试获取。对新建建筑进行连续一周或一个月的室内外温度数据监测，同时对围护结构各部分的传热系数进行测试，获取并建立新建建筑的能耗数据库。

①测量部分参数。通过现场测量节能措施应用部分的能耗来测定节能量，与建筑的其他部分隔离分开，测量既可以是短期的，比如一星期，也可以连续进行。应细心检查节能措施的设计和施工，保证所需的参数代表实际值。

②校验模拟。通过模拟部分或整个设施的能耗水平来测定节能量。

（3）替代方案的计算方法。同基准线的计算方法。

①规划设计评估阶段

参考标准：中国建筑科学研究院的项目组"十一五"期间编制的《严寒和寒冷地区农村住房节能技术导则》（试行）和《农村住房节能设计标准》（初稿）。

收集基础资料：以该地区既有住房的基础数据作为基准线的参考，包括建筑设计图（包括建筑平面、建筑墙体、门窗、屋顶和地面设计参数等）、每个采暖季耗煤量和冬季夏季室内平均温度等。

评估对象：根据委托方的要求，一般在当地建设主管部门统一组织建设的建筑中，选择有一定代表性的单栋建筑。

审查内容：新建建筑或既有改造建筑的设计方案和施工图方案。审查的信息有：建筑基本概况、建筑朝向、体形系数、各朝向窗墙比、建筑用能规划（比如太阳能、沼气等）、建筑墙体、门窗、屋顶和地面设计参数、室温设计和采暖通风方式设计等，是否满足上述对应的标准。

阶段性报告：根据规划设计阶段初步评估结果，给出相应的评估报告，作为当地政府和开发商规划建设的依据。

②施工阶段

参考标准：《工程建设标准强制性条文》和《建筑节能工程施工质量验收规范》GB 50411—2007 等。

项目施工要求：建筑节能工程使用的材料、设备等，必须符合设计要求及国家有关标准的规定。严禁使用国家明令禁止与淘汰的材料和设备。墙体、门窗、屋面和地面节能工程等施工质量要满足《建筑节能工程施工质量验收规范》GB 50411—2007 验收要求。

施工单位要求：有施工资质，并签订建筑施工合同。只有施工图设计通过审查，并已备案登记的建筑项目，才能取得建筑工程施工许可证。

阶段性报告：向委托方提交《农村节能建筑施工图审查报告》。

③能耗测试跟踪评估阶段

执行标准：《居住建筑节能检测标准》JGJ/T 132—2009、《建筑物围护结构传热系数及采暖供热量检测方法》GB/T 23483—2009、《建筑用热流计》JG/T 3016、《建筑外窗气密性分级及检测方法》GB/T 7106—2008 和《建筑门窗现场气密性检测》JG/T 211—2007 等。

模拟软件：采用目前较流行的中国建筑科学研究院开发的 PKPM 软件和代理的 TRNSYS 软件等。

跟踪时间：建筑工程竣工且主体结构干燥后，至少连续 2 个采暖季实施跟踪检测。

获取数据：节能建筑建成后围护结构各部分传热系数的测试；各年典型月室内外温度的连续测试；2个采暖季耗煤量；2个采暖季可再生能源消费量及其费用；各月用电量及其特征；农村住户的开关门窗、炊事等起居生活习惯等。

检测仪器：风速仪、温湿度记录仪、热电偶、热流计、数据采集仪、红外线成像仪、室内空气质量检测仪。

对比方法：比较采暖耗热量指标，根据上述能效增量计算公式计算出节能量和节能率。

阶段性报告：给出该阶段的能耗测试结果和模拟结果，分析新建建筑能效增量，是否达到评估指标体系中设定的预期指标。

④评估报告阶段

报告内容：汇总规划设计阶段、施工阶段和能耗测试跟踪各阶段能效跟踪评估的内容，制定此建筑能效的简表，作为建筑销售和后期碳交易的凭证。

验收过程：组织政府、专家、企业、开发商和当地居民来共同参与研讨会，检验建筑在实施整个能效跟踪过程后的节能效果。

四、促进农村绿色节能低碳可持续发展，改善农民生活环境

项目构建了生态宜居美丽乡村建设节能建筑推广应用模式，并在全国不同气候农村区域进行典型工程示范推广，形成生态宜居、绿色发展的农村低碳生产生活新模式、新导向，满足人民日益增长的美好生活需要。节能砖建筑的抗震安全节能性能也得到提升，通过科普、宣传，农民接受意愿提升，从过去农民对节能砖的不认识、不认可，到项目实施后能接受、有产品就应用。为有效评估节能建筑节能及经济社会效果，项目对节能砖产品建造的典型农村住宅节能示范推广项目进行了现场节能测试，下面以陕西省大石头村为例。

（一）大石头村农村建筑状况简介

该示范项目位于陕西省咸阳市周陵镇大石头村，位于咸阳市南部，关中盆地中部，秦都区以东，渭河以北。周陵镇因周文王、周武王陵在此而得名，是咸阳市区北郊的历史文化名镇。镇域面积52平方公里，有耕地5.8万亩，人口4.2万。大石头村位于周陵镇的东北部，距咸阳市区9公里，位于咸阳国际机场南2公里处，大石头村以一天外陨石而命名。该村

所在地势平坦，地形为平原。气候属于暖温带。年均气温 13.1℃，1 月平均气温−1.5℃，7 月平均气温 26.8℃。年降水量 545 毫米，无霜期 219 天。全年多东北风，冬季多为西北风。在建筑热工分区上属于寒冷Ⅱ（B）区。

　　大石头村节能示范项目是一个整体搬迁项目，共 364 户，是陕西省建筑节能示范村，也是一个关中民俗度假村，整村建筑布局呈鱼骨式排列，建筑设计采用关中庭院特色，如图 3-29 所示。村民住宅外墙全部采用 370 毫米多孔砖，室外照明采用 LED 太阳能路灯，每户安装太阳能热水器，充分体现了"节能、环保、实用"的原则。

村口牌坊
村庄规划图

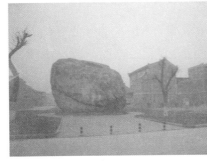
村中陨石

村庄外貌

图 3-29　大石头村概况

（二）测试住宅建筑概况

1. 建筑基本情况

　　测试所选的农村节能住宅于 2011 年建造，2011 年 12 月竣工，2012 年 5 月入住。该房屋属于东西两户双拼建筑，砖混结构，建筑层数 2 层，有独立式院落，单户建筑面积为 191.9 米²，建筑高度 6.9 米。该住户常住人口 2 人，主要经济来源是做旅游接待，见图 3-30。

南立面局部　　　　　　　　　　　　北立面

院落入口　　　　　　　　　　　　　东立面

图 3-30　测试住宅外观

2. 围护结构状况

（1）墙体。该房屋为砖混结构，承重墙为 370 毫米承重砖墙，砌筑材料为 DS1 型烧结多孔砖，是项目办指定的节能砖产品，产品由陕西省咸阳市新型建材有限公司提供，本项目中采用的 DS1 型多孔砖与原 DS1 型多孔砖稍有差别，由于生产工艺的原因，将原 11 排共 33 个条形孔改为 10 排 30 个条形孔、9 排 27 个条形孔，错位排列的多孔砖，见图 3-31。规格为 240 毫米×115 毫米×90 毫米，孔洞率为 30% 左右，砌筑的墙体具备良好的热工性能。砖墙外无抹灰处理，见图 3-32。

（2）门窗。外窗采用塑钢中空玻璃推拉窗，见图 3-33；进户门开在北侧，为双扇金属保温防盗门，见图 3-34；一层阳台外门为塑钢单玻推拉门，见图 3-35。

11排条形孔　　　　　　　　　　　9排条形孔

图 3-31　DS1 型烧结多孔砖

清水砖墙外表面　　　　　穿孔处可见条形孔

图 3-32　370 毫米承重砖墙

图 3-33　塑钢中空玻璃推拉窗

图 3-34　进户门　　　　　图 3-35　阳台门（室外侧）

（3）屋面。屋面有两种类型，主体屋面为坡屋顶瓦屋面（具体构造作法来源于陕02J01《建筑用料及做法》坡屋Ⅱ7，见图3-36；二楼西北角房屋为上人平屋面（构造作法来源于陕02J01《建筑用料及做法》屋Ⅲ3），见图3-37。但现陕02J01《建筑用料及做法》已废止，应执行现行的陕09J02《建筑用料及做法》。

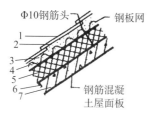

图3-36 坡屋顶构造

1. 小青瓦用20毫米厚1:1:4水泥石灰砂浆加水泥重的3%麻刀（或耐碱短玻纤）卧铺

2. 1.5毫米厚水泥聚合物防水涂膜

3. 30毫米厚1:3水泥砂浆找平层

4. 满铺1毫米厚钢板网，菱孔15×40，搭接处用Φ1.2镀锌钢丝绑扎，并与预埋Φ10钢筋头绑牢，钢板网埋入30毫米厚砂浆层中

5. 35毫米厚挤塑聚苯板

6. 预埋Φ10钢筋头，露出屋面中距双向900毫米

7. 130毫米厚现浇钢筋混凝土板

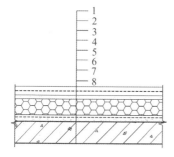

图3-37 平屋面构造

1. 8～10毫米厚铺地砖，用3毫米厚1:1水泥砂浆（加建筑胶）粘贴，缝宽用1:1水泥砂浆（加建筑胶）勾缝

2. 25毫米厚1:3水泥砂浆（加建筑胶）找平层

3. 2～3毫米厚麻灰刀（或纸筋灰）隔离层

4. 4毫米高聚物改性沥青25毫米防水卷材一道

5. 25毫米厚1:3水泥砂浆找平层

6. 45毫米厚挤塑聚苯板保温层

7. 1:6水泥焦渣找坡最薄处30毫米厚或结构找坡

8. 120毫米厚现浇钢筋混凝土屋面

（4）地面

地面为非保温地面，如图3-38所示：

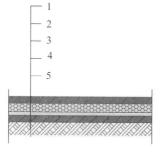

图3-38 地面构造

1. 20毫米干硬性水泥砂浆（内掺建筑胶）

2. 水泥砂浆一道（内掺建筑胶）

3. 60毫米C15钢筋砼

4. 150毫米3:7灰土

5. 素土夯实

（5）窗墙比。根据设计图纸，计算出各朝向的窗墙比，如下表3-5。

表3-5 各朝向窗墙比

朝向	窗墙比	标准规定
南向	0.129	≤0.45
北向	0.095	≤0.30
东向、西向	0.035	≤0.35

从各朝向窗墙比数值可以看出，该示范建筑的窗墙比在标准限值内。

3. 采暖方式和采暖设备

冬季卧室采用空调采暖，一楼东侧南向卧室、二楼东侧南向卧室和二楼西北卧室分别安装奥克斯冷暖空调一部，共3部。能效标识为2级，电加热，输入功率为730瓦。卧室空调间歇使用，一般晚上睡觉的时候开启，客厅里放置电暖器间歇采暖（图3-39）。

一楼南向卧室的空调室内机　　　　　　　　一楼南向卧室的空调室外机

二楼西北向卧室的空调室内机　　　　　　　二楼西北向卧室的空调室外机

一楼客厅电暖器   一楼客厅电暖器

图 3-39 室内采暖方式

（三）测试结果及分析

1. 墙体热阻和传热系数

利用温度和热流巡回检测仪测试建筑物墙体的热阻和传热系数，选择二楼西北角房屋作为测试房间，测试该房间墙体和屋顶的热阻和传热系数，房屋内北墙侧布置 3 个热流计测点，每个热流计测点附近布置 1 个墙体内表面温度测点，墙体外侧对应布置 3 个墙体外表面温度测点，见图 3-40。屋顶中心位置处布置 1 个热流测点和 2 个内表面温度测点，屋顶对应的外表面布置 2 个温度测点，见图 3-41。

北侧外墙内表面热流和温度测点   北侧外墙外表面温度测点

图 3-40 墙体热流和温度测点布置

测试时间为两昼夜（2012 年 12 月 15 日 12：00—12 月 17 日 12：00），按照附录 2 中的数据处理方法，整理测试数据，所测得的墙体和屋顶内外表面温度数据整理如图 3-42。并计算得到该农村节能示范住宅，墙体和屋顶的热阻及传热系数数值，见表 3-6。

屋顶热流和温度测点布置

屋顶表面温度热电偶线

图 3-41 屋顶热流和温度测点布置

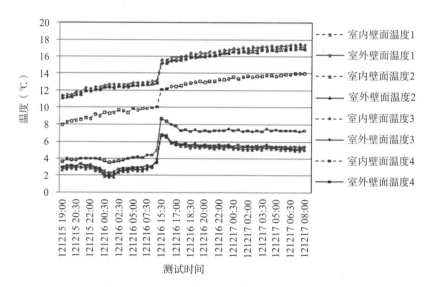

图 3-42 墙面和屋面室内外壁面温度测试值

表 3-6 房屋墙体热阻和传热系数计算表

围护结构类型	测点号	测点位置	热阻值（米²·开/瓦）	传热系数 K（瓦/米²·开）
墙体	测点 1	北侧外墙中部	0.55	1.30
	测点 2	外墙西侧上部	0.55	1.29
	测点 3	外墙东侧上部	0.59	1.26
		平均值	0.56	1.28
屋面		测试的平屋面	0.31	2.18
		平屋面（有保温）	1.61	0.57
		坡屋面	1.30	0.69

从表3-6看出，测试所得的墙体传热系数平均值为1.28瓦/米²·开，与常用的370毫米砖墙传热系数（1.57瓦/米²·开，参见王宇清主编《供热工程》附录6，机械工业出版社）相比，热工性能有所提高，为18.5%。与节能砖KP1（13排孔）的传热系数（1.1瓦/米²·开，参见周辉等主编《建筑材料热物理性能与数据手册》，中国建筑工业出版社）相比，热工性能稍低。原因是，示范建筑测试点处的墙面是否抹灰和天气、仪器等客观因素都会对测试结果造成一定影响，而本示范工程的墙面测点处未抹灰。若想进一步提高墙体热工性能，可以对墙体内外表面进行无机保温浆料抹灰处理。

2. 室内外温度测试

（1）室外温度测试。在节能砖建筑室外放置了两块温度自记仪，测试时间为2012年12月15日12:00—12月17日12:00，共48个小时，温度自记仪每10分钟记录一次数据，两块温度自记仪测试的数据和平均值如图3-43所示：

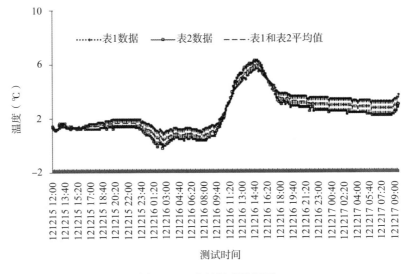

图3-43　室外温度数据图

将两块温湿度自记仪所测数据的平均值作为测试期间的室外温度。测试期间该地区的室外平均气温为2.4℃，室外最高温度出现在12月16日的下午3点，室外最低温度出现在2月16日清晨2点半。

（2）室内温度测试。利用温度自记仪所记录房间温度及平均值如图3-44所示。

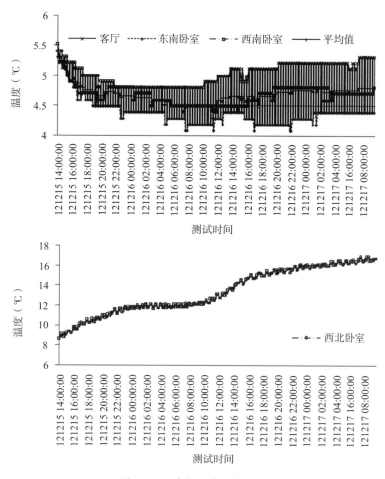

图 3-44 房间室内温度测试

测试期间，由于客厅、东南卧室和西南卧室未采取任何采暖措施，故室内温度平均值在 5℃左右。而西北卧室开启了空调供暖，室内温度一直升高，能达 14℃以上。

3. 围护结构热工缺陷

建筑外围护结构热工性能的好坏，直接影响到室内环境及建筑能耗。外围护结构热工缺陷中热桥缺陷主要发生在圈梁、柱、拐角等部位，是建筑外围护结构的热工薄弱环节。其外围护结构热工缺陷的检测一般包括外表面热工缺陷检测和内表面热工缺陷检测，检测宜采用红外热像仪。因此，本次测试对示范工程墙体圈梁、柱、拐角等部位进行了红外热像仪的拍摄。

从图 3-45 中可以看出，室内圈梁、柱和拐角处有一定缺陷，但总体来看，受检外表面缺陷区域与主体区域面积的比值小于20%，且单块缺陷面积小于0.5米²；受检内表面因缺陷区域导致的能耗增加值小于5%，且单块缺陷面积小于0.5米²，根据《居住建筑节能检测标准》JGJ/T 132—2009，可以判断该工程外围护结构热工缺陷在合格范围。

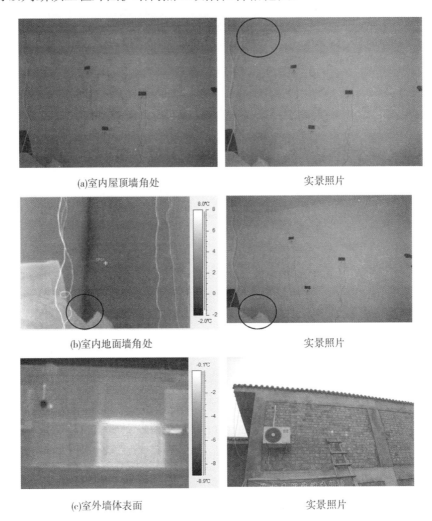

(a)室内屋顶墙角处　　　　　　　　实景照片

(b)室内地面墙角处　　　　　　　　实景照片

(c)室外墙体表面　　　　　　　　　实景照片

图3-45　红外热像仪拍摄照片

(四)示范工程评估

1. 节能率评估

选取目前常见的农宅，其组成为墙体为240毫米烧结黏土实心砖墙，窗户为普通铝合金单玻窗，屋面在混凝土空心楼板上架设木屋架坡屋面，作为农村住房典型建筑。根据上述方法，对节能示范工程和传统典型建筑进行对比分析。计算条件见表3-7。

表3-7　示范建筑和典型建筑计算条件

参数名称		参数取值	
		示范建筑	传统典型建筑
建筑形状、大小、朝向		按建筑竣工图纸和实测结果	同示范建筑
围护结构传热系数	屋面	增加层屋面为2.18瓦/米²·开，坡屋面为0.69瓦/米²·开，平屋面（保温）为0.57瓦/米²·开	木屋架架空 40毫米泥草层，100毫米混凝土空心楼板，传热系数约为2.7瓦/米²·开
	外墙	1.41瓦/米²·开	240毫米普通烧结砖：2.2瓦/米²·开
	外窗	2.6瓦/米²·开	4.7瓦/米²·开
	其他指标	取《农村居住建筑节能设计标准》规定值	同示范建筑
室内计算温度		14℃	同示范建筑
室内换气次数		0.5次/小时	同示范建筑
室内照明或内部得热		不考虑	同示范建筑

注：（1）示范和参照建筑模型均按无地下室处理；（2）室外计算气象资料。

按上述传统典型建筑与示范建筑的设定条件，结合模型及围护结构传热系数的实测值，通过计算得出，示范建筑和典型建筑的年采暖耗热量指标分别为：37.1瓦/米²、80.0瓦/米²，节能率达53.6%（建筑面积为174.1米²），基本符合农村地区示范建筑节能要求。

2. 示范建筑建造成本比较与分析

测试期间，对示范建筑的建造费用进行调查，房屋建造费用包括建筑主体材料、装修材料、采用的机械费用和采暖设施费用，并与其他典型农宅的建造费用进行了对比分析，如表3-8。

表3-8　农宅的建造费用统计表

房屋类型	砖房	示范建筑
建造时间	2006年	2011年
建造面积（米²）	50.8	174
建造方式	自建	统建

（续）

房屋类型	砖房	示范建筑
房屋造价（元，含材料和机械费、人工费）	32 500	120 000
采暖设施成本（元）	2 500	10 000
总计（元）	35 000	130 000
单位建筑面积费用（米²/元）	689	747

通过上表的统计数据得出，本工程建造成本约为 747 元/米²，平均建造成本增加投资未超过建筑造价 20%。

第三节　政策创新

项目启动之初，项目办就重视节能砖与农村节能建筑有关的政策研究，分别开展了"农村节能砖生产和应用政策的调研评估"和"农村节能建筑发展的调研与评估"，通过对比国内外的政策状况及我国节能砖和农村节能建筑发展现状，分析在我国促进节能砖和农村节能建筑市场转化面临的政策问题及建议，希望政府对农村居民提供节能住宅的必要成本进行补贴，消除节能建筑的外部性影响。并在此基础上，结合项目示范点的实际特点，开展"农村节能砖生产及应用政策研究及政策修订意见编制"和"农村节能建筑政策研究及政策修订意见编制"并形成了相关政策。

为促进节能砖和农村节能建筑的市场转化，项目从中央和地方两个层面开展相关政策的研究，并制定了相应的行政政策和技术政策。

在节能砖政策层面，项目支持的节能砖和农村节能建筑政策研究修订意见被相关部门采纳，2013 年 4 月，由中国建材联合会会同中国砖瓦工业协会等机构共同制定了《新型墙体材料产品目录》和《墙体材料行业结构调整指导目录》，明确将节能砖产品（多孔砖和多孔砌块、空心砖和空心砌块、保温砖和保温砌块、复合保温砖和复合保温砌块）列入我国新型墙体材料产品目录。《砖瓦工业"十二五"发展规划》中也明确要发展节能砖。

"十二五"期间我国建筑节能工作的一项重要任务就是积极探索推进农村建筑节能。项目支持开展了节能砖与农村节能建筑农村宏观政策调研和农村绿色建材政策与激励机制等研究工作，将相关建议提交了有关政策制定部门，并促进财政部和国家税务总局发布了关于新型墙体材料增值税政策；将项目选用的节能砖产品纳入该目录，让节能砖生产企业可以享受到国家的退税政策，有利于降低生产成本；将促进农村节能建筑推广纳入农业部美丽乡村创建目标体系（试行），2016 年中央一号文件中明确提出"全面启动村庄绿化工程，开展生态乡村建设，推广绿色建材，建设节能农房"，为节能砖和农村节能建筑的后期推广奠定了很好的政策基础。

在浙江省节能砖项目办建议下，国务院办公厅关于改善农村人居环境的指导意见（国办发〔2014〕25 号），将提升农房节能性能纳入该指导意见，明确指出加快推进农村危房改造，到 2020 年基本完成现有危房改造任务，建立健全农村基本住房安全保障长效机制。加强农房建设质量安全监管，做好农村建筑工匠培训和管理，落实农房抗震安全基本要求，提升农房节能性能。此外，项目还支持编制了《砖瓦行业"十三五"规划》《墙材革新"十三五"行动计划》《太阳能热利用行业"十三五"规划》，明确指出在"十三五"期间继续加大节能砖产品在农村的推广，鼓励农民建设节能房，为项目后期的可持续市场转化提供了政策抓手。在国家宏观政策的指导和项目宣传引导下，陕西、浙江、成都、湖北、吉林、甘肃、河北、安徽、长沙、新疆等省（区、市）均将应用新型墙材，推广农业节能建筑纳入当地政府行动计划、墙改部门发展规划。陕西和浙江分别出台了《陕西省新型墙体材料"十三五"发展规划》《浙江省新型墙体材料"十三五"发展规划》，明确积极探索农村新型墙材推广应用模式，适时开展乡镇发展新型墙材目标责任管理。此外，浙江省墙改办实施新型墙材目标责任制度，省、市、县各级签署目标责任书，对新墙材生产比例、淘汰落后产能、能源消耗、墙改专项基金管理、农村自建房新墙材应用试点等定量指标及新墙材认定、统计、规划编制做了明确要求，进一步将节能砖和农村节能建筑纳入政府有关工作。

2017 年 2 月 6 日，发展改革委办公厅、工业和信息化部办公厅等两部门发布了《关于印发〈新型墙材推广应用行动方案〉的通知》（发改办环资〔2017〕212 号）文，其中提到"到 2020 年，全国县级（含）以上城市禁止使用实心黏土砖，地级城市及其规划区（不含县城）限制使用黏土制品，副省级（含）以上城市及其规划区禁止生产和使用黏土制品"。2017 年 11 月 11 日，工业和信息化部、环境保护部、国家安全监管总局等三部门发布了《关于加快烧结砖瓦行业转型发展的若干意见》（工信部联原〔2017〕279 号）文件，指出"烧结砖瓦是砖瓦行业中产量占比最高、排污耗能最多的品种，加快砖瓦行业转型发展，当务之急是着手采取有效措施，引导烧结砖瓦行业加速推进绿色生产和智能制造，优化供给结构，加快转型发展"。项目的开展及创新极大地推动了上述政策的出台和落地。

第四节 金融创新

一、墙改基金

墙改基金是新型墙体材料专项基金的简称，它属于政府性基金，旨在限制实心黏土砖的生产和应用，推广新型墙体材料和建筑节能。新型墙体材料专项基金运行多年来，对于推动我国节能减排事业发展以及节约土地资源，发挥了重要作用。按现行制度和政策规定，此项基金执行期限到 2011 年底为止。墙改基金何去何从，对下一步我国建筑节能事业发展影响深远。

（一）墙改基金的基本情况

自 1988 年 11 月国家建材局、建设部、农业部、国家土地局联合开展墙体材料革新和建筑节能试点工作以来，先后通过《关于加快墙体材料革新和推广节能建筑的意见》（国发〔1992〕66 号）《关于将部分行政事业性收费和政府性基金纳入预算管理的通知》（财预〔2000〕127 号）《新型墙体材料专项基金征收和使用管理办法》（财综〔2002〕55 号）《关于进一步推进墙体材料革新和推广节能建筑的通知》（国办发〔2005〕33 号）《财政部关于处理 18 项到期政府性基金政策有关事项的通知》（财综〔2006〕1 号）《财政部关于延续农网还贷资金等 17 项政府性基金政策问题等通知》（财综〔2007〕3 号）《新型墙体材料专项基金征收使用管理办法》（财综〔2007〕77 号）等文件形式对新型墙体材料专项基金的征收、使用等方面进行了规定。

1. 墙改基金的征收

墙改基金征收对象是新建、扩建、改建建筑工程未使用《新型墙体材料目录》规定的新型墙体材料的建设单位，征收主体是地方各级墙体材料革新办公室或由其委托的其他单位。财综〔2002〕55 号规定：未使用新型墙体材料的建筑工程，由建设单位在工程开工前，按照工程概算确定的建筑面积以及最高不超过每平方米 8 元的标准预缴墙改基金。财综〔2007〕77 号将墙改基金的征收标准由最高不超过每平方米 8 元的标准调整为每平方米最高不超过 10 元，各级地方政府依据国家文件并结合地方实际情况确定地方墙改基金征收标准。

2. 墙改基金的使用

墙改基金接受财政、审计和新型墙体材料行政主管部门的监督检查，全额纳入地方财政预算管理，实行专款专用。墙改基金主要用于：①新型墙体材料生产技术改造和设备更新的贴息和补助；②新型墙体材料新产品、新工艺及应用技术的研发和推广；③新型墙体材料示范项目和农村新型墙体材料示范房建设及试点工程的补贴；④开展新型墙体材料应用的宣传、培训；⑤代征手续费；⑥经地方同级财政部门批准与发展新型墙体材料有关的其他开支。

3. 墙改基金的返还

财综〔2007〕77 号规定：在主体工程竣工后 30 日内，凭招投标预算书确定的新型墙体材料用量以及购进新型墙体材料原始凭证等资料，经原预收墙改基金的墙体材料革新办公室和地方财政部门核实无误后，办理墙改基金清算手续，实行多退少补。各个地方制定的相应墙改基金征收和使用管理办法对墙改基金的退还做了一定的规定。如天津市对全部使用黏土砖的建筑工程按每平方米 8 元缴纳墙改基金，未全部使用新型墙体材料的建筑工程，按应交金额的 30% 缴纳墙改基金，不予退还。

国家为了推动墙体材料革新工作，通过政府性基金予以政策支持。借鉴试点省市经验，对黏土实心砖在价外加收一定费用，建立了发展新型墙体材料专项用费，用于墙体材料企业的技术改造和建筑应用技术的研究与开发。各省市随即根据国务院文件精神逐步在全国范围内开展了相应的工作，并建立起了以发展新型墙体材料专项用费为主要调控手段的经济政策。这项经济政策发展分为两个历史阶段。成立之日起至 20 世纪末，发展新型墙体材料专项用费作为预算外行政事业性收费性质，由墙体材料改革管理机构征收、使用和管理。2000 年，国家为了进一步规范清理行政事业性收费和政府性基金管理，将发展新型墙体材料专项用费正式改为"新型墙体材料专项基金"纳入政府性基金实行预算管理。并分别于 2002 年财政部、原国家经贸委发布《新型墙体材料专项基金征收使用管理办法》（财综〔2002〕55 号）和 2007 年财政部、国家发展改革委发布《新型墙体材料转型基金征收使用管理办法》（财综〔2007〕77 号）对新型墙体材料专项基金进行进一步规范管理。

（二）新型墙体材料专项基金管理机制

新型墙体材料专项基金作为政府性基金，由地方财政部门按照政府性基金预算管理，实行收支两条线。各地墙体材料改革办公室作为法定执收单位负责新型墙体材料专项基金的征收、使用和管理具体工作。按照"先征后返"的征收方式，即建筑工程按照墙体材料使用量价外每块征收 2 分钱的标准，在办理施工许可前预缴；当建筑工程使用符合《新型墙体材料目录》范围内的新型墙体材料产品，经核定达到规定的比例后，可享有按照使用比例返还预缴的新型墙体材料专项基金。其目的是促进建筑工程业主单位按规定要求使用符合新型墙体材料目录中的新型墙体材料；鼓励和资助新型墙体材料产品生产企业和科研机构开展新型墙体材料产品开发、生产技术更新改造，编制应用技术规程和产品标准等。2002 年和 2007 年修订《新型墙体材料专项基金征收使用管理办法》时分别将征收标准提高至 8 元/米^2 和 10 元/米^2。同时，专项基金征收使用管理办法还规定了完整的政府性基金预算管理体系，并建立了逐级上报相关信息的机制。

2014—2015 年度联合国开发计划署的"节能砖与农村节能建筑市场转化项目"通过墙改系统实施的 10 个推广村，得到了各地利用新型墙体材料专项基金的支持，为新型墙体材料的发展开辟了新的市场。以长沙的"长沙县浔龙河生态小镇"项目为例，新型墙体材料专项基金主要用于编制《农村节能建筑设计规范》和项目建设采用页岩烧结制品价格补助及项目宣传等工作经费。

二、融资试点

在农村建筑开发商和砖厂方面，缺乏融资渠道通常是其开展和扩大业务时面临的主要困难，农民自建房难以承受节能建筑产生的增量成本。为此，项目设计了相关活动帮助农村制砖企业建立融资渠道和平台，通过激励机制增强农民建设节能建筑的积极性。

（一）开展项目示范和推广企业的投融资能力评估

组织开展了示范和推广企业投融资能力评估：通过调研和信息采集，对项目涉及的示范和推广企业的投融资能力进行评估，认为由于制砖企业自身实力不足、负载能力有限、银行融资模式单一、银行歧视等因素，处于弱势的制砖企业很难得到贷款，建议制砖企业加强自身能力建设，引进新的投资者、拓展融资渠道、整合产业链，积极争取政府的支持等。

开展示范村建设的投融资模式的可行性研究，以四川省成都市建筑示范为例，对比了股票融资方式、债券融资方式、银行融资方式和墙改基金融资方式等形式，综合考虑农民意愿、地方政府支持、技术保障等条件，认为墙改基金融资方式解决项目示范点融资问题将是较理想的选择，相比之下，成本最小，操作也很方便。

开展了促进农村节能建筑应用推广的财税政策研究，在前期研究基础上，项目金融承担单位向中共中央办公厅、全国人大、财政部等提交了"推进我国新型墙体材料基金改革和发展的政策研究"报告，提出了"将节能砖与农村节能建筑纳入新型墙体材料基金支持范围"的政策建议。

（二）进一步设计完善了利用 GEF 资金撬动墙改基金，通过墙改基金等政府政策性资金撬动土地流转资金的可持续融资模式

项目实施正值国家新农村建设高峰期，在国家开展土地综合整治、城乡统筹、美丽乡村建设等宏观政策影响下，项目区农村节能建筑建设得到了有关各方的大力支持，项目增量成本补偿机制也逐步明确，一是设计并完善了利用 GEF 资金撬动墙改基金开展节能砖和农村节能建筑的推广，二是带动地方政府新农村建设在农村节能建筑建设方面的资金投入，开展系统可持续的农村节能建筑工程融资的机制运行实践，并取得了初步的满意效果。根据统计，55 个节能建筑示范推广村中，20 个村庄的建设得到了地方墙改基金的支持。累计撬动地方资金达 6.59 亿元人民币。

以浙江省湖州市惠众建材有限公司为例，该公司成立于 1980 年，公司先前是一座 24 门的轮窑砖厂，主要生产黏土烧结普通砖、多孔砖。2013 年以来，公司根据国家、省有关墙体材料改革有关政策，借助农业部、联合国计划开发署、全球环境基金项目"节能砖与农村节能建筑市场转化项目"，加强银企合作，充分利用绿色信贷，建成年产 6 000 万块（折标）的现代化的烧结砖（块）企业，成功实现了企业绿色转型。现将该公司利用绿色金融有关政策，支持企业绿色发展的有关情况供同行借鉴。

1. "绿色金融"的含义

随着人口增长、经济快速发展以及能源消耗量的大幅增加，全球生态环境受到了严重挑战，实现绿色增长已成为当前世界经济的发展趋势。所谓"绿色金融"是指金融部门把环境保护作为一项基本政策，在投融资决策中要考虑潜在的环境影响，把与环境条件相关的潜在的回报、风险和成本都要融合进日常业务中，在金融经营活动中注重对生态环境的保护以及环境污染的治理，通过对社会经济资源的引导，促进社会的可持续发展。

2. 砖瓦行业转型升级信贷支持的难点

中国的烧结制品有五千年历史。但是，我国现有多数的砖瓦企业仍然

处在工艺装备技术落后，资源消耗大，能耗高，污染严重，产品技术含量低的状态。为了加快砖瓦行业转型升级，必须加快淘汰落后生产方式。然而在转型升级过程中，融资难融资贵是困扰企业转型升级的主要问题，其难点在于：一是信息不对称。砖瓦行业是传统产业，不是高新技术和创新型行业，各级政府未将砖瓦行业列入产业政策支持范围，因而各地金融机构不把砖瓦行业作为金融信贷支持的重点。金融机构缺乏环保和行业的专业知识，不了解、不掌握砖瓦企业转型升级是否属于绿色发展的范畴，信息极不对称。二是湖州大多数砖瓦企业系原乡镇企业，后改制为民营企业，土地属于集体工业性质，地面建筑物和设备都比较陈旧，无抵押可能。三是砖瓦企业规模普遍较小，即使金融机构给予信贷支持，也只能短期内解决部分流动资金贷款。企业转型升级亟须的项目贷款及中长期贷款获得难度很大。

3. 加强银行与企业合作，获得绿色信贷支持

该公司原有的砖窑生产线关停后，根据浙江省相关的墙改政策，实行企业转型升级。初期考虑技改方案时，建设两条 3.6 米的隧道窑，企业自筹资金能满足转型升级技改项目的要求。而省、市墙办在企业确定技改方案时，提出了企业要开发节能砖项目，在有一定规模效益的前提下，工艺技术和装备要先进，才能保证生产优质产品的建议。根据省、市墙改管理部门的建议，通过相关企业的考察，认为企业转型升级，项目建设要适当超前，不能在原有基础上低水平重复建设，转型后的企业要上规模，产品上档次，技术上水平。经过通盘考虑，修改原先的技改方案，决定采用宽度为 6.9 米先进的隧道焙烧窑和干燥窑各一座，主机 70/60 型双级真空挤出机和计算机全程控制技术工艺，年设计能力为 6 000 万块（折标）的现代化烧结砖（块）生产线。整个项目预算超过 3 000 万元，项目建设缺口资金 1 000 多万元。为了解决企业转型升级项目建设资金缺口，开展了银企合作共赢的方式，争取银行金融信贷政策支持，最终解决了企业转型升级技改项目资金的难题。具体做法是：

（1）加强信息沟通，形成绿色信贷共识。项目建设伊始，该公司就与多家金融机构保持联系，争取项目贷款支持。但砖瓦企业转型升级没有列入政府重点支持范畴，虽然有的金融机构表示理解，考虑信贷风险，项目贷款一直无果。最后公司与当地吴兴农村合作银行进行了沟通，陈述了公司项目贷款的充分理由。一是砖瓦行业是传统行业，但不是落后淘汰的行业，国家在推进城镇化、农业现代化和"美丽乡村"建设中，需要大量建筑材料；二是公司转型升级技改项目符合国家法律法规，新建项目其规模、技术工艺符合产业政策，并得到政府备案批准；三是企业发展的方向是绿色环保企业，节能砖生产的主要原料是采用页岩、煤矸石、煤渣、建筑渣土等，是国家鼓励资源综合利用方向的产业；四是尽管企业技改正在进行中，但已经与农业部、联合国开发计划署、全球环境基金项目"节能砖与农村节能建筑市场转化项目"浙江项目建立合作关系，签订"节能砖与农村节能建筑市场转化项目"试点的节能砖供应合同。同时浙江"美丽乡村"建设全面启动，农村建筑节能市场前景看好。通过上述信息的有效沟通，得到了吴兴农村合作银行融资的认可。

（2）提供完整资料，争取绿色信贷。为了争取绿色金融的支持，该公司向吴兴农村合作银行提供企业项目建设的环境评估相关资料，主要有项目建设初扩设计评审报告、湖州市环保局委托第三方项目建设环境评估报告和审批意见、湖州市经信委委托第三方项目建设能评报告及意见、企业项目建设自筹资金验资报告及实到资金报告等，吴兴农村合作银行对项目环境评估纳入流程进行严格的审核。

（3）诚信相待，合作共赢。在吴兴农村合作银行对项目环境评估纳入流程进行严格的审核期间，公司一方面积极争取吴兴农村合作银行绿色信贷的支持，另一方面也考虑吴兴农村合作银行也是企业，从长远考虑，必须建立合作共赢的关系，因此主动向吴兴农村合作银行承诺，将吴兴农村合作银行作为企业主要结算行，项目建成后，企业所有的资金结算全部通过吴兴农村合作银行账户进出。公司所有员工工资由吴兴农村合作银行储蓄卡发放。如果吴兴农村合作银行同意绿色信贷，为防止信贷风险，企业在项目建设过程中，基础工程建设、设备采购资金的支付，全部由吴兴农村合作银行监控。由于公司的诚信和真诚，得到了吴兴农村合作银行的充分信任，经吴兴农村合作银行信贷委评审，一致同意给予公司 1 000 万元三年期不周转的项目贷款，作为公司绿色转型的绿色金融信贷支持，从而使公司解决了项目建设资金缺口的燃眉之急。有了绿色信贷的支持，确保了公司在短短 10 个月内顺利投产。

公司设计能力为 6 000 万块（折标）的现代化烧结砖（块）生产线项目，自 2013 下半年投产以来，以"节能砖与农村节能建筑市场转化项目"试点项目建设为突破口，以优质的产品质量和企业的诚信，拓展了城乡建筑节能市场，企业经济效益明显，达到了银企合作共赢，推进绿色发展的目标。

三、金融培训

项目开发制作了制砖企业融资和财务管理培训教材，全面分析了中小企业投融资面临的问题和未来的努力方向，并结合项目案例给予典型分析。在此基础上项目组织了 3 期节能砖生产企业和新型墙材企业的投融资能力培训，培训相关人员 245 人次，提高了制砖企业代表的投融资意识。

培训旨在企业与金融机构间搭建一个相互沟通的交流平台，使目前的金融融资政策、资金借贷规则、国家对本行业指定的优惠政策、企业对资金的实际需求、借贷过程中的实际问题等能在此平台进行沟通，给企业带来更实用的帮助。

项目的示范推广企业负责人通过深入了解目前银行等金融机构的资金借贷的方式，找到更加快捷、简便的资金借贷方式。另外通过专家的讲解使企业负责人更加注重今后企业在财务管理、财务制度工作上的不断完善，使企业的资本运转逐步进入良性发展。

此外，通过培训使银行等金融机构更加了解企业对资金的实际需求和资金借贷中遇到的实际问题，在今后的工作中为企业提供了更多更加完善的金融服务。

第四章 示范引领 科学推广

第一节 节能砖生产示范推广企业

2010—2016 年，项目在全国 23 个省、自治区和直辖市支持和指导了 220 家企业进行制砖生产技术的改造，使其全部具备了生产合格的节能砖产品的能力，取得了良好的经济、社会和环境效益。本节就典型企业做简要介绍。

一、河北秦皇岛发电有限责任公司晨砻建材分公司

（一）企业基本情况

秦皇岛发电有限责任公司晨砻建材分公司是由秦皇岛发电有限责任公司于 2003 年独立投资 3.3 亿元人民币兴建的企业，其中设备投资 2 亿元人民币，注册资金 5 400 万，企业性质为国有企业。成立的主要目的是采用国际先进的烧结砖生产工艺，以纯天然页岩为主要原料，适量掺和粉煤灰，实现电厂的粉煤灰综合利用，最大限度地合理利用资源，完成循环经济目标和节能减排。

晨砻建材公司位于风景秀美的海滨城市——秦皇岛市海港区东部工业区，占地 300 亩。公司拥有两条意大利全自动生产线，技术水平居国内领先地位，年生产能力 2.5 亿标砖。主要生产产品为"欧尼特"牌页岩烧结饰面清水砖、烧结砌块、园林路面砖、烧结多孔砖等四大系列 50 余种产品，主要用户类型为城市。是国内首家以生产承重装饰一体化新型建筑产品为特色的环保企业。用于示范村的主要产品为 240×115×90（毫米）页岩多孔砖。

（二）企业技改前后对比

为了保证产品烧结质量，在专家指导下特别配套安装了两台煤气发

生炉生产高洁净煤气，作为窑炉烧结热源。原料破碎选用国内先进的摆式磨，其他设备引进国外先进设备，主要有前置网板搅拌机、多斗挖掘机、圆筛给料机、喷砂滚花装置、表面处理装置、自动切条机、自动切坯机、自动编组、自动上下架系统、自动码垛机、自动卸砖机、自动包装机等。

（三）企业在节能砖生产和销售中采取的措施

企业从建厂就生产节能砖，生产线采用目前国际先进的意大利进口半硬塑挤出成型二次码烧工艺，以粉煤灰为原料、页岩为黏结料生产烧结装饰砖。采用内宽 9 米的大断面隧道窑，采用内燃与外燃相配合的燃烧技术，计算机自动监控系统能使 181 米长的隧道窑将温度曲线精确控制，使砖体熔融状态更大程度接近陶瓷，确保更高的强度和保温系数。

二、湖南常德市广益建材有限公司

（一）企业基本情况

常德市广益建材有限公司由湖南广益粮油棉有限公司和华盛建材厂合资组建而成，主要从事水泥混凝土制砖及复合保温砖的生产及销售。公司占地近 30 亩，前期总投资 1 500 万元，拥有员工 40 余人，其中各类技术人才 6 人。湖南广益粮油棉有限公司是湖南省农业产业化龙头企业、常德市百强企业，涉及油脂、粮食、棉花加工三大产业，年产值 3 亿多元，生产经营规模较大、经济实力雄厚。公司多次被管理区党委、管理区管委及上级有关部门评为"双文明先进单位""优秀民营企业""消费者信得过单位""守合同重信用"单位，是"常德市百强企业""常德市私营企业 100 强"，并被省农业产业化办公室授予"湖南省农业产业化龙头企业"称号。华盛建材厂拥有 20 多年的建材行业打拼经验，管理独到，技术过硬。

公司按照现代企业制度的组织形式运营，产权明晰，职责明确，具备先进的管理体制和运行体制。主要产品：水泥混凝土复合保温砌块和页岩煤矸石烧结复合保温砌块，主要产品规格：240×240×190（毫米）。水泥混凝土复合保温砌块是利用粉煤灰、水泥、炉渣等原料经机械压制、自然养护而成，现有年生产能力达 6 万米^3，循环利用粉煤灰约 3 000 吨；页岩煤矸石烧结复合保温砌块，主要利用了煤矸石和页岩，现年生产能力达

12万米^3，每年可节煤近万吨，利用煤矸石 3 000 余吨。能够取得良好的社会、经济和环境效益，符合国家循环利用的要求。

（二）企业技改前后对比

企业技改前生产实心混凝土砖，技改后改为生产空心复合混凝土自保温砖，不仅节约了大量的社会资源，而且生产效益大幅提高，同时，由于产品具有节能效果，也带来了很大的社会效益。

（三）企业在节能砖生产和销售中采取的措施

空心砖不仅可以减少大量社会资源的浪费，增强房屋隔音、隔热、防潮、防火、耐腐蚀等性能，又能减轻墙体自重。由于科技的进步和技术的不断发展，公司为提高劳动生产效率和降低产品成本，对现有生产线进行升级改造。主要改造项目包括加装保温砖表面泡沫清扫系统，新增自动打包生产线。通过项目的实施，可以减少辅助材料的损耗，降低劳动成本，同时解决生产线劳动力缺乏的问题。公司生产水泥混凝土复合自保温砖，不仅充分利用碎石、废渣、粉煤灰等废弃物，还能节约大量的标煤，减少二氧化碳的排放。

三、咸阳周陵新型建材有限公司

（一）企业基本情况

咸阳周陵新型建材有限公司位于周陵镇陵昭村，西临迎宾大道，距市区 3 公里，交通便利，区位优越。企业占地 200 亩，从业人员 200 多人，原配有 40/40 型双级真空挤砖机组生产线，34 门轮窑和 30 门轮窑各一座，年生产能力 2 000 万块标砖，2011 年，该企业技术设备改造项目被列入 MTEBRB 项目名录。

（二）技术方案

企业原来为生产实心黏土砖的轮窑生产线，2011 年，根据项目要求，进行生产工艺改造，采用加大砖机功率、提高孔洞率、增大挤出压力、增加烧结制品密度等措施，以达到墙体保温节能的目的。技改方案主要包括两方面，一是产品设计为矩形条孔，孔洞交错布置，孔洞率 33％，实现节能 50％以上的设计效果；二是改造生产工艺，新增高速细碎对辊、陈化和真空挤出成型，实现产品无缺陷成型。为此，项目支持企业进行了装备的更新，按照设备技术规格要求，购置双级真空挤砖机、螺旋式对辊机和挤出搅拌机各1台，完成设备安装调试，确保新设备与原有生产线设备相匹配，从而具备了生产矩形条孔砖的能力。

（三）效益分析

经过两年的生产运转，周陵新型建材有限公司技改项目取得良好效益。企业年产节能砖3 500万块，创造工业产值1 750万元；节能砖生产节标煤394.63吨/年，节电22.8万摄氏度/年，减少二氧化碳排放986.575吨/年；企业提供就业岗位200多个，为市场提供了合格的节能产品，为大石头村节能民居建设提供了有力的支撑。

四、四川中节能新型建筑材料有限公司

（一）企业基本情况

四川中节能新型建筑材料有限公司是中国节能环保集团公司旗下中央企业，是"5·12"大地震后，结合援建、资源综合利用、节能环保型综合型项目，公司注册资本9 000万元，总投资27 556万元。公司先后被四川省墙改节能办评为"四川省新型墙体材料生产示范企业"，中国砖瓦工业协会评为"合格达标企业"、四川省质量计监局评为"产品质量稳定企业"，成都市企业联合会评为"企业文化先进单位"。

公司现有3条烧结墙材生产线，其中两条一次码烧生产线，采用国内一流的生产工艺设备，主要生产用于砖混结构的承重烧结墙材及用于框架、剪力墙结构的非承重墙材。第三条二次码烧生产线采用的是国际一流工艺装备，主要生产用于建筑外围护墙体的自保温烧结墙材。

表4-1 自保温产品规格列表

产品类型	规格型号（毫米）	抗压强度（兆帕）
自保温空心砖和砌块	240×115×240	MU5.0
	230×115×240	MU5.0
	240×115×390	MU5.0
	230×115×390	MU5.0
	300×115×240	MU5.0
承重自保温砖砌块	240×240×115	MU15.0

目前，公司主要产品有烧结实心砖、烧结多孔砖、烧结空心砖、烧结自保温砖及砌块四大系列 20 余个品种，年实际产能近 4 亿标块，是西南地区生产规模最大的煤矸石页岩烧结墙材生产企业。产品具有外形好、尺寸精准、隔热、隔音、保温的特点。取得了四川省建设领域科技成果认证备案并在新批建筑项目上得到应用，推动当地建筑领域的节能减排工作进入新的阶段。被成都市墙改办评为"优质产品"，成都市扶优办纳为地方名优产品目录。自保温砖砌筑的墙体可满足夏热冬冷地区民用建筑墙体节能 50％的要求。

（二）企业在节能砖生产和销售中采取的措施

优质的产品质量、超大的生产规模、多品种的配套产品赢得了众多的客户；清洁的生产环境、机械化的生产线、轻松高效的工作岗位为当地提供了 400 多人的就业机会；花园式厂区、封闭的厂房、零排放的生产成为了地方政府指导行业规划的标杆。煤矸石的大量使用，实现了资源综合利用，100％烟热和余热的循环利用，不仅减少了二氧化硫排放，同时达到了生产全过程的高效节能。项目每年可节约标煤 4.7 万吨，减排二氧化硫达 846 吨，减排二氧化碳达 14 万吨，对当地墙材行业的产业升级、产品结构调整、技术进步以及循环经济发展，起到了良好的引领示范作用。

五、邛崃市五彩新型建材有限公司

（一）企业基本情况

四川省邛崃市五彩新型建材有限公司位于邛崃市临邛镇，公司坚持走技术创新之路，大力发展节能、绿色建筑材料，积极参与自保温砖的研发和生产。

（二）企业技改前后对比

公司于 2010 年至 2013 年先后投入 6 000 多万元先后技改了 3 条隧道窑自动化生产线，主要生产各种页岩多孔砖、空心砖和自保温砖，采用"原料→配料→粉碎→筛分→搅拌→陈化→强力搅拌→真空成型挤出→切坯切条→机器人码坯→干燥→焙烧→成品→打包"先进生产工艺流程，主要生产原料为页岩和煤矸石。原料年用量：页岩 6.3 万吨、煤矸石 3 万吨、煤炭 3 200 吨；产品中页岩、煤矸石、煤炭原料占比分别为 65%、30%、5%。

（三）企业在节能砖生产和销售中采取的措施

该企业生产全程采用计算机控制、机器人辅助生产，年产量折标砖达 2 亿块（按折标砖计算），产品尺寸规整，具有隔热、隔音、保温的特点，各项性能指标达到或优于国家、行业及地方标准。产量在扩大 3 倍的情况下由原来轮窑生产工艺的 300 人缩减到 30 余人。该企业具有技术先进，节能环保的特点，是成都市产业结构调整，产品升级换代的示范企业。页岩烧结自保温砖是该公司的拳头产品。

六、重庆巨康建材有限公司

（一）企业基本情况

重庆巨康建材有限公司成立于 2011 年 7 月 1 日，注册地址：重庆市巴南区跳石镇大沟村村办公室，注册资金 500 万元，现有职工 670 人，系一家全自动化生产环保建筑砌块的企业，属国家重点支持的环保建材生产单位。是农业部环境保护科研检测所决定将其作为《生活污泥制备墙体材料关键工艺技术和设备研究》课题的示范基地。

（二）企业技改前后对比

重庆巨康建材有限公司为推动地方经济发展，积极响应国家节能减排，发展循环经济，拟定年产 50 万米³ 污泥及废渣烧结绿色环保节能保温空心砌块项目。项目总投资 1.2 亿元，占地面积 100 亩，年销售收入可达 1.6 亿元，利税 3 150 万元，提供就业岗位 400 人。属于国家产业结构调整指导鼓励类项目以及重庆市建材工业"十二五"发展规划重点。经重庆市经济和信息化委员会批准同意将重庆巨康建材有限公司污泥及废渣烧结绿色环保节能保温空心砌块项目纳入重庆市建材工业"十二五"发展规划并作为重点支持项目。

（三）企业在节能砖生产和销售中采取的措施

项目利用城市污水处理厂排放的污泥、废渣和其他原料混合，来生产烧结建筑材料制品，具有资源综合利用，环保节能，节约土地的特点。

七、皋兰县云山砖厂

(一) 企业基本情况

皋兰县云山砖厂为节能砖生产企业，为了达到项目生产能力和产品标准，企业按照"扩规模、提档次、促质量、增效益、降能耗"的要求开展工作。

(二) 企业技改前后对比

2012年以前该厂使用的黏土实心砖生产线，是我国传统墙体材料，以黏土为主要原料生产实心黏土砖，其工艺水平低，技术落后，存在毁田严重、破坏环境、能耗高的问题；其效率低，砌体自重大，保温性差，抗震性能弱等缺陷，已远远不能适应现代建筑发展的要求。根据国家政策，明确限期禁止生产黏土实心砖。以山坡丘陵的页岩及工业废料、煤矸石为主要原料生产的烧结多孔砖，施工效率高、节约资源，有利于环境保护，符合国家基本国策，有利于促进社会长期可持续健康发展。

2012年3月，企业积极筹措配套资金105万元，购入陕西宝深机械（集团）有限公司的矩形孔砖生产线，对企业原有生产设备进行了改造，主要设备为：JKY50/50E-40型号真空挤出机、SJJ300×40强力搅拌挤出机，GS100×60B高细碎对辊机、SGP70×50普通对辊机等各1台。同时配套实施了高低压线路更换、电气设备更新、轮窑改造、新建机房项目，企业生产条件得到显著改善，产品生产能力稳步提高，节能砖产品呈现产销两旺的局面，已累计生产销售240×115×90（毫米）矩形孔砖2 000万块，主要用于节能示范村及周边乡镇民居建设。

(三) 企业在节能砖生产和销售中采取的措施

皋兰县云山砖厂为节能砖生产企业，为了达到项目生产能力和产品标准，一是抓生产设施改造，同时配套实施了高低压线路更换、电气设备更新、轮窑改造、新建机房项目，企业生产条件得到显著改善，产品生产能力稳步提高。二是抓生产工艺改进。企业邀请建材生产专家现场指导，改进节能砖生产工艺，培训职工80人次，职工技能水平全面提升。三是抓企业内部管理。修订完善企业安全生产相关制度，企业职工能够按时到岗、安心在岗。四是抓市场营销。加大节能砖宣传推广力度，节能砖产品呈现产销两旺的局面。五是抓节能减排。2014 年 3 月投资 35 万元，安装脱硫除尘装置一套，有效地缓解了因生产经营对大气的污染。截至目前，已累计生产销售 240×115×90（毫米）矩形孔砖 2 000 万块，其中项目补贴销售 270 万块，主要用于节能示范村及周边乡镇民居建设。

八、新疆凯乐新材料有限公司

（一）企业基本情况

新疆凯乐新材料有限公司成立于 2011 年 6 月，注册资本 1.95 亿元人民币，是一家集研发、生产、销售新型页岩烧结制品（烧结类生态节能型建材产品）的科技创新型企业，是新疆城建全资子公司。该公司也是新疆城建公司自 2007 年起为顺应国家节能减排、发展循环经济的产业政策，依托本地丰富的泥质页岩资源和欧美成熟制砖工艺，累计投资 4 亿元人民币，在乌鲁木齐西山区域进行项目建设，现已打造成为具有国际一流水平、单线产能全球最大的烧结类生态节能型建材产品生产基地。

新疆凯乐新材料有限公司产能可达年产 45 万米³ 页岩烧结保温砌块或年产 30 万米³ 页岩烧结复合保温材料，可满足 900 万米² 新建建筑物外墙砌筑或 800 万米² 建筑物外墙外保温需求。公司引进德国现代化制砖生产线，生产工艺采用国际最先进的真空挤出成型、制品先干燥再焙烧的二次码烧等技术，生产流程全部实现机械化、自动化，生产过程中的废渣、废水全部实现循环回收再利用。公司主要产品为：页岩烧结保温砌块、页岩烧结复合保温材料、页岩烧结地砖、清水墙砖（外墙装饰砖）、页岩烧结多孔砖（KP1 砖）等。

由新疆城建（集团）凯乐新材料有限公司生产的页岩烧结保温砌块，产品保温隔热性能好，经检测，产品导热系数可以达到 0.08～0.16 瓦/米² · 开，对应 370 毫米墙厚的传热系数为 0.21～0.41 瓦/米² · 开。可降低建筑物的使用能耗，不用复合其他任何保温材料，依靠单一页岩烧结保温砌块产品可满足严寒及寒冷地区建筑节能 65% 以上的要求，若采用烧结复合技术可达到 85%，甚至更高的要求，可有效地减少采暖能耗，节约燃煤。本项目采用 248×248×300（毫米）的页岩烧结保温砌块，对应 300 毫米墙厚的节能建筑，依靠单一页岩烧结保温砌块产品可满足严寒及寒冷地区建筑节能 50% 以上的要求。

（二）企业技改前后对比

为了保证节能砖产品烧结质量，公司在专家指导下，特别配套安装了天然气燃烧热源，作为窑炉烧结热源。原料破碎选用国内先进的摆式磨，其他设备引进国外先进设备，主要有前置网板搅拌机、多斗挖掘机、圆筛给料机、喷砂滚花装置、表面处理装置、自动切条机、自动切坯机、自动编组、自动上下架系统、自动码坯机、自动卸砖机、自动包装机等。

（三）企业在节能砖生产和销售中采取的措施

页岩烧结保温砌块利用其特有外形，以楔口形式解决了垂直灰缝热桥的问题。由于在生产过程中采用特殊的工艺，使砖的几何尺寸均一性得到极大提高，水平灰缝仅为1～2毫米，依靠砖的紧密结合解决了水平方向的热桥问题。页岩烧结保温砌块防火性能达到 A 级，且与建筑主体同寿命，是目前国内具有领先水平的自保温墙体材料，农村节能建筑开发应用前景非常广阔。按照新疆节能建筑市场需求，乌鲁木齐市达到65％节能效率，其他地市达到50％节能效率，该公司生产的依靠单一页岩烧结保温砌块产品可满足严寒及寒冷地区建筑节能 65％以上的要求，若采用烧结复合技术可达到 85％，甚至更高的要求，节能砖市场企业重点在乌鲁木齐市推广销售新型节能砖，产生了较好的市场应用和销售业绩。

九、合肥佳安建材有限公司

（一）企业基本情况

合肥佳安建材有限公司是生产煤矸石砖的新型建材企业，位于合肥北城以北 10 公里处，合水路边。公司原为生产黏土实心砖，为大力发展新型墙材，实现节能减排，有效保护耕地，推广资源综合利用，通过技术改造后，主要利用工业废渣煤矸石生产煤矸石空心砖和节能砖，年产量 1.5亿块。由于合肥向大城市发展，城镇在不断建设，所以煤矸石空心砖产品销售合肥市场，主要用于楼房填充墙，节能砖主要用于新农村建设。

（二）企业技改前后对比

技术改造之前公司的生产设备是 45－40 型制砖机，主要生产黏土实心砖，技术改造后设备为淄博功力 JZK90 型硬塑挤砖机。改造之前年产黏土实心砖 3 000 万块，改造后年产量 1.5 亿块，同样产量每年因烧砖取土节约土地 100 多亩，每年使用矸石 22 万吨，节约原煤 1.6 万吨，减少二氧化碳排放量 57 万吨，减少二氧化硫排放量 4 400 万吨。节能砖与黏土实心砖相比较具有高强、轻质、隔音、隔热、耐久性能好的优点，符合我国墙材革新和建筑节能发展方向，符合环境保护和资源综合利用、节能减排。

（三）企业在节能砖生产和销售中采取的措施

为了确保产品质量，公司制定相关的质量管理制度和操作规程，对原料的购入严格把关，实行原材料检验登记制度，分批堆放，每班对原料在配比进行水分和发热量检验，对水坯和干坯进行水分、重量、发热量检测，实行下道工序对上道工序检测，半成品车间对粉碎车间检验，成品车间对半成品车间检验，严禁不合格产品流入下道工序，确保生产出合格产品。生产上选用国内最先进的隧道窑工艺，利用煤矸石自身热量焙烧砖坯，采用自动化控制技术，利用变频风机将废烟压入干燥室干燥砖坯，回收窑炉余热。生产上应用机器人码坯和国内先进的圆盘给料机，采用自动化供水和自动化配料等连锁控制，降低劳动强度及人工成本，提高了产品质量，减少安全隐患。

为了节能砖推向新农村，公司采取了主动上门宣传、送货上门、优惠供给和赊销的销售模式。同时政府部门多次来公司指导工作，为企业解决生产中出现的困难，对新农村建设使用节能砖给予宣传和支持。产品质量通过合肥市质量检测部门检测，并通过"质量管理体系 ISO 9000 认证"、荣获"合肥市著名商标""安徽省著名商标""安徽省新产品证书"和中国砖瓦协会授予的"产品质量信誉模范企业"荣誉称号，获得 45 项专利和"安徽省科学技术二等奖""国家级高新技术企业"，被安徽建筑工业学院材料与化学工程学院认定为"产学研用实习基地"、被合肥市城乡建设委员会授予"先进建筑节能企业"，合肥市委市政府授予"先进集体"、长丰县人民政府授予"节能先进单位"等荣誉称号。

十、山东新齐新型建材有限责任公司

（一）企业基本情况

位于山东省德州市齐河县赵官镇，紧邻赵官煤矿，以煤矸石为原料生产节能砖，建有矸石砖生产线两条，生产工艺经山东省建筑材料工业设计研究院设计，设计年产 1.2 亿标块全煤矸石烧结多孔砖，采用真空挤出成型、一次码烧技术，焙烧窑是国际、国内最先进的隧道窑；生产流程全部采用机械化、自动化，实现了"制砖不用土、烧砖不用煤"的工厂化生产。公司内设有赵官能源公司煤矸石直供皮带运输栈桥，煤矸石资源充裕、可靠，为新型建材的生产提供了极其便利的条件，同时实现了资源的优化利用和环境保护。2010 年 3 月，煤矸石烧结砖项目正式投产，同年 6 月公司取得山东省住房和城乡建设厅颁发的煤矸石烧结多孔砖《新型墙材建筑节能技术产品认定证书》。2010 年 7 月取得山东省经济和信息化委员会颁发的《资源综合利用认定证书》。2011 年 2 月荣获"德州市节能减排先进单位"荣誉称号。

（二）企业在节能砖生产和销售中采取的措施

山东新齐新型建材有限责任公司利用煤炭开采中产生的煤矸石进行节能砖生产有其天然优势，依托赵官镇能源公司，借助赵官镇丰富的煤炭及煤矸石资源优势，从高起点开始建设，节能砖生产的装备、技术、工艺和管理等条件均符合《烧结多孔砖和多孔砌块》GB 13544—2011、《烧结保温砖和保温砌块》GB 26538—2011、《复合保温砖和复合保温砌块》GB/T 29060—2012 等国家标准，其节能砖通过了德州市产品质量监督检验所的检验认证，质量上完全符合相关节能及强度标准。

节能砖在销售上也获得了当地政府的大力支持，助其积极推广节能砖，锦川社区从项目建设论证阶段就确立了使用节能砖进行建设的原则，通过招标也最终确立新齐新型建材有限责任公司为砖料供应方，从政策上起到了很好的扶持作用，在推广上起到了很好的宣传作用。企业自身也利用多种渠道推广宣传节能砖，多次参加全国、全省的节能砖展销会，提高了节能砖的认知度，有效促进了产品的销售，目前山东新齐新型建材有限责任公司生产的节能砖在齐河县有近 90％的市场占有率，其产品还远销济南、聊城及周边县市。

企业在项目办的指导下，持续跟踪最新的节能砖生产、节能等工艺技术，定期进行节能砖生产工艺技术改造，使之具备生产符合国家标准的节能砖的能力。同时省项目办按照国家有关建筑工程项目相关设计标准与规范、建筑节能设计标准的有关规定对该企业提供建设锦川社区的用砖进行了全过程的监管，有效保证了工程质量。

十一、新疆华强投资集团公司

（一）企业基本情况

新疆华强投资集团公司，其前身是伊宁市华强新型建材有限公司，成立于2004年，坐落于伊宁市开发区福州路136号，分（子）公司主要分布在伊宁市、伊宁县和霍城县，是一家以新型墙材生产、新产品研发为龙头产业，集工业、农业、旅游业为一体的具有较强经济实力和发展潜力的多元化民营企业。公司自成立以来始终专注于节能环保领域，致力于节约能源、环境保护、资源综合利用。2010年，公司投资建设隧道窑10条，从工艺设备到产能规模都是国内一流、西部领先，2011年5月开始全面投产，主要生产空心砖、空心砌块、保温砌块等新型墙材。产品全部供应到棚户区改造、廉租房、州统建房建设、富民安居房建设、拆迁安置房建设等工程，为政府工程、民生工程的顺利完成提供了强有力的保障。

（二）企业技改前后对比

企业技术改造后实现了降本增效，大大节省了原来用于产品原材料的资金，实现了产品原材料零成本，对生产线的改造也使得公司产品实现产业化生产。

（三）企业在节能砖生产和销售中采取的措施

响应国家政策落实禁实限黏，发展应用新型墙体材料，坚持资源综合利用，是企业节能环保的必然趋势。节能砖原料使用建筑垃圾骨料，改造建筑垃圾破碎机，将颚式破碎机与给料机相连，颚式破碎机的转轮经传动皮带与电动机相连，在机座平台下设颚式破碎机的出料口，特别是将出料口上接设下料槽，下料槽底板背后设振动机，下料槽底端接设传送皮带，有力地解决了建筑垃圾中钢筋所造成频繁的电机卡死、皮带戳破所带来了无法正常生产和生产成本持续较高的难关，大大提高了生产效率。选择建筑垃圾为制造节能砖的原料，在资源综合利用的同时大大降低了节能砖的成本。通过企业自身的技术改造，保证生产节能砖质量。严格落实禁实限黏的工作，出台《新疆维吾尔自治区促进新型墙体材料发展应用条例》《新疆维吾尔自治区新型墙体材料专项资金》《新型墙体材料专项资金征收使用管理办法》等相关政策大力支持和推进节能砖和节能建筑。项目建成后减少了大量煤炭的使用，从而减少了二氧化碳的排放量，有效保护国家宝贵的黏土资源。通过推广节能建筑，减少冬天用于供暖的煤的使用量，提高室内室外的空气质量，有利于保护当地居民的呼吸系统的健康。

第二节　农村节能建筑示范推广点

2010—2016 年间，项目在全国 13 个省、自治区和直辖市支持建设了55 个农村节能建筑示范和推广村，建设农村节能建筑面积达 200 万米^2，约 1.73 万户居民住进了节能新民居。

一、综合节能的低碳社区——秦皇岛市望峪村

（一）村庄基本情况

望峪村位于秦皇岛市山海关区石河镇北部浅山区。"望峪新村新民居建设"是山海关区石河镇新建、外峪、上沟、下沟、长桥店五个自然村拆旧村集中建设新型居住中心的一项惠民工程。五个村总户数 241 户，总人口 938 人，男女比例大致为 1∶1，妇女占就业人数的 40% 左右。原村庄规模都不大，村民居住相对零散，村域范围总面积 5 200 亩，其中耕地面积 1 600 亩，荒山及林地 3 000 亩，村庄占地 600 亩。以大樱桃种植和乡村旅游为主要支柱产业，大樱桃种植面积 1 200 亩，占耕地面积的 70%。年产值 6 200 万元，人均收入 12 000 元。

新民居建设 319 户，面积约 40 592 米^2，其中项目节能建筑示范工程65 户，覆盖面积约 20.4%。新民居房屋以两层别墅式住宅为主，同时视需要建部分 3～4 层的单元楼，以满足分户出来的年轻人的居住需求。按照"民居即景区，景区即民居"的大旅游思路规划设计，打造全国一流的山村风情小镇，提升乡村旅游内涵。

基于建新拆旧、跨村联建、节约用地、与产业发展同步规划等特点，该村成为河北省各级政府开展社会主义新农村建设和农村建筑节能的示范村。配套的可再生能源设施及项目包括：沼气综合利用——将冲厕污水、人畜粪便综合利用，制造的沼气作为生活燃料，剩余的沼渣、沼液作为有机肥料；太阳能供热——采用太阳能热水循环和电辅助加热技术，确保冬季室温达到 18 度以上；秸秆气化炉——以生物质秸秆经压缩成型后的颗

粒燃料为原料，以空气和水蒸气为汽化剂，制成煤气，供各种加热炉使用，替代燃油，以低廉的价格降低用户生活成本；墙体保温——新民居墙体全部使用节能砖，外墙全部铺设了9厘米厚的新型苯板保温材料，确保冬暖夏凉；保温门窗——新民居所有门窗全部采用双层中空保温门窗；双套独立排污系统——运用自然落差，实现无动力运转，一套系统将冲厕污水排入沼气池，作为肥料，一套系统将生活污水排入污水处理系统；中水回用——采用厌氧发酵技术，将生活污水进行无害化处理后，用于叠水景观和绿化、农业灌溉，实现中水回收利用；垃圾处理——新民居实现垃圾分类收集和集中清运、处理，实现垃圾综合利用和无害化处理；吊炕——对炕灶的热平衡进行了优选，在炕灶方面增设了保温措施，提高了余热利用，扩大了火炕的受热面和散热面。

新民居建设得到上级领导的高度关注和支持。山海关区成立了新民居建设推进指导组，定期召开调度会，推进项目进展。市区规划、国土、发改、农业、旅游等部门积极配合，协力提供资金和智力支持。

（二）工程建设情况

2010年10月启动进行设计，2011年5月开始施工，2014年7月完工。增量成本补贴到节能砖生产企业提供的节能砖，示范企业提供节能砖，示范村组织施工。示范工程由秦皇岛市城乡规划局进行规划、由秦皇岛市建筑设计院按照建设部《严寒和寒冷地区村民住房节能技术导则》和国家强制性建筑节能设计标准的有关规定进行设计、由秦皇岛市房维建筑工程有限公司施工、秦皇岛广建项目管理有限公司监理，确保建筑设计达到50％以上的节能要求。

（三）建设前后效果对比

（1）住房条件的改善。通过节能砖等综合节能措施的应用，住房条件得到大幅度改善。墙体、屋顶、门窗都使用了保温节能材料，采用多能互补形式进行采暖。室内冬暖夏凉，温度冬季提高10℃以上，夏季降低5℃左右。整体规划、施工、美化、净化环境、物业化管理，把脏乱差的乡村变成了优雅小镇。

（2）农民收入以及就业情况变化。项目实施推进了该村开展乡村旅游的步伐，成为京津及周边较为有名的乡村休闲和大樱桃采摘旅游地。促进了当地经济发展，农家饭、旅游门票、采摘收入大幅提高，人均年收入达到 12 000 元以上，就业率明显提高，适龄劳动者全部投入到相关产业。

（3）农村生活节能结构的变化。配套服务设施齐全，采用 9 项新能源、新材料、新技术，两套污水处理系统并行，运用自然落差实现无动力运转，冲厕污水排入沼气站，沼气作为生活燃料，沼渣、沼液用作肥料；生活污水排入循环处理系统，中水循环利用，用于叠水景观和绿化灌溉，实现污染物零排放。取暖采用太阳能，使用秸秆气化炉、吊炕、电辅热设备辅助取暖，墙体使用节能砖，外墙铺设 9 厘米厚的新型苯板保温材料，使用双层保温门窗，从而实现了保温保暖效果的最大化。

（4）农民意识、精神面貌变化。农民对节能砖和节能建筑非常满意，讲起环境和节能头头是道。以是有影响力的望峪村的村民为荣，以能住进舒适的新居为幸。注重日常维护，开始关注村庄长远发展。

（5）社会效益。望峪村以"跨村联建"方式启动实施新民居建设工程后，积极探索农村综合改革，深入推进大樱桃种植、休闲观光旅游等富农产业，走出了一条具有地方特色、符合村民意愿的新农村建设之路。目前，望峪村乡村旅游年产值已达 400 多万元，村民人均收入从过去的 2 000 多元跃升至万元以上，提前达到了小康社会标准，并先后荣获"全国创建文明村镇先进村""全国绿色小康村""河北省新民居示范村""省第一批美丽乡村"等多项荣誉。吸引了周边市县乡村民众参观，带动周边农村休闲农业和生态农业的发展。

二、滹沱河畔中国最美休闲乡村——河北正定塔元庄村

（一）村庄基本情况

正定县塔元庄村位于省会石家庄北侧 10 公里，正定城西 1.5 公里，坐落在滹沱河北岸。全村一共有村民 480 户、2 030 人、党员 93 人，村民代表 43 人，耕地 760 亩，河滩地 3 000 亩。新民居改造、美丽乡村建设开始对全村 480 户村民的房子平改楼，建成联排形式，配套的可再生资源主要有太阳能热水器、天然气等清洁能源。新民居改造后，农民的土地流转到集体，解放了大量农业劳动力，村民在村集体企业及个体企业就近就业。

（二）工程建设情况

"易水龙脉"社区位于新华区滹沱河北岸，项目的西侧为规划中的新

胜利大街，北侧为恒山西路，南侧为滨水路。从项目分别到中华大街和107国道不足五分钟的车程。项目总占地面积 400 余亩，由 18 层小高层、花园洋房、别墅组成。

"易水龙脉"社区以法式园林为景观规划为蓝本，园林布局和谐流畅，优雅浪漫。项目紧邻滹沱河，将形成"以绿为体，以水为魂，水绿交融"的精美生态格局，实现百万市民"中心城市上上班，滹沱河畔吸吸氧"的美好生活景象。社区内景观优美，配套齐全，有多功能双主体会所、商业街、商务会馆、幼儿园、医疗站等文化生活配套。

（三）建设前后效果对比

（1）住房条件的改善。村民们由原来的破旧农家院搬进整洁、明亮的楼房，由原来的夏天闷热冬天寒冷的状态进入全新的冬暖夏凉的房屋，生活水平大幅度提升。

（2）农民收入及就业情况变化。2015 年集体经济收入达到 1 000 万元以上，人均收入 12 000 元。引进"河北慧聪电子商务有限公司""河北天一蔬菜"等大型环保企业入驻村庄，村委会提供厂房，企业交纳房租。村集体带动村民发展了个体企业，个体企业及大型企业的生产需要大量的劳动力，而这些劳动力主要由村民组成，增加村民就业及收入。

（3）农村生活节能结构的变化。98％以上农户使用电能、太阳能、天然气、液化气、生物燃气等清洁能源；推广使用高效清洁燃烧炉具，减少燃煤消耗。村内街道的路灯以太阳能路灯为主，做到全村清洁化、能源化。

（4）农民意识、精神面貌变化。98％的农户入驻新民居，对新民居的构造以及节能建筑充分认可，全村 100％家庭庭院卫生状况实现根本改观，400 户家庭达到美丽庭院标准，100 户的家庭达到精品美丽庭院标准，他们以全新的标准表达对村庄的喜爱。

（5）节能减排效果。98％以上农户使用清洁能源，能够减少污染物的排放，大大提高节能率。

（6）社会效益。中央、省市级领导多次莅临塔元庄村指导工作，2008 年 1 月和 2013 年 7 月习近平总书记两次视察，2015 年 4 月 25 日中央领导刘奇葆到村指导工作，为村庄发展指明方向。塔元庄村先后获得"全国创先争优先进基层党组织""全国文明村镇""中国最美休闲乡村"等荣誉称号。

三、节能建筑与经济社会协调发展新村——陕西咸阳大石头村

（一）村庄基本情况

大石头村原位于周陵镇北侧偏东方向，因国家"十一五"重点项目—西安咸阳国际机场二期扩建工程规划设计要求，需要整体拆迁，并易地建设新村。大石头新村项目选址地处 208 省道以西，新改线 4 号公路以北，原村以东区域，建设总用地 240 亩，建筑总面积 7.5 万米²，容积率 0.44，绿地率 35％，涉及拆迁户 364 户，人口 1 27 人。新村规划和建筑设计方案，由西安建筑科技大学厚土建筑设计研究院负责设计，陕西方圆建工集团承建，陕西万合监理公司监理，区质监站负责质量安全监督管理。

（二）工程建设情况

新村建筑总面积 7.5 万米²，大石头村同步建成了太阳能热水系统 320户；幼儿园、村级公共服务中心等公共建筑 0.33 万米²。与此同时，基础设施高标准配套，在全区乃至全市首屈一指。新建道路总长度 7.2 千米；新建村级供水系统，包括水源井、50 吨倒椎壳水塔及加设水质处理系统，铺设给水管道 1.2 万米，均为 DN100PE 钢网带；排水体制为雨污分流系统，污水管道 1 400 米，雨水管道 920 米；电力设施采用地埋 150 毫米型铠甲电缆，设计环网供电，变压器为 630KVA 箱式变，抄表到户，同时安装太阳能路灯 169 盏；弱电采用皮线光纤，单户网速可达 8 兆，电话、网络、数字电视三合为一；建成绿地 4.8 万米²，其中公共绿地 2.3 米²、村级广场面积 6 000 米²；建成仿古牌坊、大石头村标、亭榭等雕塑小品体系，使大石头新村更具魅力。

（三）节能设计

在建筑节能方面，该项目按照 50％节能标准组织设计和施工。节能措施包括：一是住宅外墙设计为 370 毫米厚节能砖墙，与传统墙体相比，大大增强了墙体的保温性能，隔音、防潮效果也非常显著。二是建筑外窗为塑钢中空窗，增大了窗户的热阻和气密性。三是屋顶为仿古灰色筒瓦坡屋面，并做挤塑板保温层，整个建筑围护结构设计完全达到节能要求。同时，建筑方案还考虑可再生能源建筑应用，各家各户均设计了太阳能光热利用系统。

四、严寒地区温暖的农民新村——吉林省长春市农安县合隆镇陈家店村

（一）村庄基本情况

陈家店村位于长春市农安县合隆镇，辖区面积 10.96 平方公里，10个自然屯，南距长春市 16 公里、北距农安县城 45 公里，东邻 302 国道。耕地 793 公顷，林地 41.93 公顷，水域 11 公顷。全村 1171 户，3 898 人（在籍人口）。2012 年实现工业产值 2 448 万元，农业产值 1 776 万元，村集体固定资产 5 000 万元，农民人均纯收入达到 12 000 元。

陈家店村嘉和社区建设是陈家店村社会主义新农村建设的一部分和土地增减挂钩项目中土地资源整合的重要部分，也是吉林省各级政府开展社会主义新农村建设和农村建筑节能的示范村。示范工程建筑面积 11 689.77 米² （含阳台），共十三层，一层为会所，层高 4.5 米，村委会搬入社区办公，社区卫生所、北银村镇银行、农家书屋、物业服务中心等配套服务都已入住社区便民大厅，社区居民将享受一站式方便服务。社区的供热、供水、排污系统完善，现村民生活环境有了明显提高；二至十三层为住宅，层高 3.0 米，共入住 96 户，二楼以上外墙完全采用了节能砖。

陈家店村鼓励农民土地流转和集约化经营，提高了资源利用效率，增加了农民收入。同时把农民从农活中解放出来，加快劳动力转移，增加农民务工收入，大量农村妇女实现就地就近就业。众一集团下属各企业及农民专业合作社优先吸纳本村劳动力就业，让离地村民实现就地转移。流转土地的农民可以获得三方面收入：一是出租土地的保底金收入；二是在脱离土地后外出务工收入；三是合作社盈余分配。

（二）工程建设情况

自 2011 年 10 月 1 日项目分包合同签订之日起，正式进入实施阶段，按照项目建设要求，做好规划设计、节能砖检测认证、项目招标等前期工作。2012 年 7 月该节能建筑示范工程开工建设，项目建设全过程严格按照节能建筑的标准和规范，同时遵循国家建筑行业的相关法规和标准，2013 年已通过验收投入使用。

参与项目建设的部门有：北京中元工程设计顾问有限公司负责工程项

目规划、设计；吉林省和长春市墙材革新与建筑节能办公室负责技术指导；吉林省光大实业集团负责节能砖的供给；吉林省宇信建筑工程有限公司负责施工；农安县建设监理有限公司负责监理；农安县建筑工程质量监督站负责审查验收。

（三）建设前后效果对比

（1）住房条件的变化。村民告别了以前的泥瓦、泥土房，住进了宽敞、温暖、舒适的新楼房，水、电、气设施一应俱全，新社区绿化面积4.32万米^2，硬化面积3.87万米^2，社区卫生所、北银村镇银行、农家书屋、物业服务中心等配套服务都已入住社区便民大厅，社区居民享受一站式便民服务。社区的供热、供水、排污系统完善，村民生活环境有明显提高，过上了更好的生活。

（2）农民收入以及就业情况的变化。一是大力发展合作社经营，促进土地流转。合作社每年付给农民租金，每公顷每年的租金由2009年1万元上涨为2013年1.5万元，比农民自己耕作收入还要高。二是加快劳动力转移，实现农民就地就近就业。陈家店村成立了农安县第一家以农业类型注册的集团公司——吉林省众一农业开发集团有限公司（以下简称"众一集团"）。对各个合作社进行整合，下属企业分别为长春市众一园林绿化有限公司、众一农副产品经销有限公司、众一农业生产资料有限公司，农安县众一蔬菜种植专业合作社、农业机械专业合作社、畜禽养殖专业合作社。众一集团下属各企业及农民专业合作社优先吸纳本村劳动力就业，让离地村民实现了劳动力就地转移。剩余劳动力则通过发挥现有常年在外务工人员的帮带作用，在村域外务工就业。三是稳步提高农民收入，解除农民后顾之忧。通过合作社集中经营土地的形式，使土地逐步向种田能手和农机合作社等经济实体集中，实行机械化经营，提高了土地产出率、劳动生产率的规模效益。农民通过土地流转，使之从种植业中转移出来，安心从事其他二三产业以及外出打工，既解放了劳动力，又增加了收入。

（3）农村生活节能结构的变化。搬入新楼房的农民用上了煤气、天然气、电等清洁能源，采暖实行集中供热，社区内安装了太阳能路灯，垃圾和污水得到处理，彻底改变了农村以前"脏、乱、差"的生活环境，提高了生活质量。

（4）农民意识、精神面貌变化。通过宣传引导，试点带动，广大农民认识到使用节能砖的好处，对新型节能建筑非常认可和喜爱，为节能砖的推广使用营造了很好的氛围，试点示范取得良好效果。

（5）节能减排效果。中国建筑科学研究院测试结果，该节能建筑节能率达到 56.2％，全年单位面积节能量 76.5 千瓦·时/米²，单位面积年节煤量 20.7 千克/米²，年节煤量 157.6 吨。

（6）社会效益。通过项目实施，起到了很好的示范作用，据测试达到了节能 50％ 的预期效果。陈家店村作为农安县新农村建设的窗口，每年都有很多镇、村参观考察，示范作用明显，对提高全县的建筑节能意识、培育农村节能建筑市场、促进建筑节能新兴产业经济发展具有重要意义。

（四）能效跟踪

配合"节能效果跟踪评估"分包单位的工作，按照其要求及时完成对示范工程节能效果的数据收集报告、跟踪和评估等工作。2013 年 12 月 26～30 日，中国建筑科学研究院对吉林省长春市陈家店村示范点的房屋及围护结构的尺寸、室外温度、室内温度、围护结构内外表面温度、围护结构传热系数（主要是墙体、顶棚）、围护结构的热工缺陷等进行了现场检测，并出具了《吉林省长春市陈家店村示范工程测试报告》。

五、依托节能民居发展都市生态休闲新产业——湖南省长沙县果园镇双河村

（一）村庄基本情况

长沙县果园镇双河村土地总面积 11 584 亩，其中耕地 1 177 亩、林地 6 645 亩、水塘 197 亩、宅基地 573 亩、公共道路 512 亩、其他 2 472.95 亩；有 13 个村民小组，538 户，户籍人口 1 800 人。其中男性 936 人，女性 864 人。

该村通过浔龙河生态艺术小镇项目的建设，实施村民集中居住，推动公共服务集中配套，实现村民就地城镇化；通过实施产业集中发展，形成现代农业产业园区，推动农民致富增收。其中增减挂钩项目是以土地增减挂钩为政策依据实施的，即通过宅基地置换，以节约的宅基地面积置换城市建设用地指标，并通过土地收益返还保障项目建设资金。

双河村村民集中居住点一期项目用地面积约为 88 935.20 米²（133.4 亩），其中：农民安置用地 121.43 亩，9 个班幼儿园用地 5.67 亩，村民活动中心用地 6.30 亩，总建筑面积 55 219.33 米²，容积率 0.587，除配套建

设的物管用房、泵房等公共用房外，共建设安置用房 193 套（其中 210 米² 安置用房 92 套，280 米² 安置用房 101 套），第一期一区农民集中居住区共 80 户，20 561 米²，为 MTEBRB 项目推广点，全部申报了节能砖与节能建筑市场转化，项目点遵循以"以人为本"和"生态和谐"的设计理念，给村民打造上有天、下有地、前有车库庭院、后带商业铺面的生态园林式的生活商业小区。

（二）项目实施情况

1. 实施节点

前期准备：2013 年 4 月—2013 年 9 月，完成工程项目立项、勘察等前期准备工作；

主体工程：2013 年 10 月—2015 年 3 月，完成项目所有主体工程；

装饰及附属工程：2015 年 4 月—2015 年 9 月，完成建筑外装饰、室内装饰及安装工程；

扫尾竣工：2015 年 10 月，完成项目扫尾工程及竣工验收等工作。

2. 节能规划

本工程除钢筋混凝土柱外，外围护墙均采用 200 毫米厚页岩多孔砖，其构造和技术要求参见国家相关标准及要求。建筑物内墙除注明外均采用 200 毫米厚加气砼砌块，其构造和技术要求参见国家相关标准及要求。分户墙、楼梯间隔墙采用 200 毫米厚页岩多孔砖。卫生间隔墙采用 100 毫米厚页岩多孔砖。离地 200 毫米高现捣 C20 砼墙基，在门洞处断开，同墙厚搭接 300 毫米。填充墙与梁、柱交接处的粉刷及不同材料交接处的粉刷铺设钢丝网，孔眼 12.7 毫米×12.7 毫米，两边各搭接 300 毫米。

（三）实施效果

1. 提升了农民的资产价值

农民的房屋按照长沙市政府 103 号令拆除，户均可获得 59 万元的补偿，新房每 1~3 人户按 210 米² 建筑面积的基准分配，每增加 1 人则增加 70 米²，以一楼商铺 1 300 元/米²、二楼三楼住房 800 元/米² 的价格购买，购得新房并装修后农民还有盈余。新房具有集体土地产权证和房产证，可抵押融资，具有资产价值。同时，商铺和住房均可以出租，租金为商铺每月 18 元/米²、住房每月 10 元/米²。仅商铺出租村民每年可收入 2 万多元。

2. 推动了产业发展

农民集中居住后对项目区内的产业实施集中流转和混合运营，为产业发展提供了平台。公司主要发展现代农业、文化、教育、休闲旅游和乡村地产等产业。通过开发技能培训、职业教育等，促进劳动力就地就业转移，目前仅农业种植、花卉苗木等产业就已经安排本村劳动力 180 余人，村民每年增收在 2 万元以上；通过打造乡村创业孵化平台，发布了 200 余个创业项目，在同等条件下优先安排本地村民投资、经营，拓宽村民增收渠道，取得了显著的社会效益。通过村民集中居住，完善功能配套，村民生活在新型社区既享受到成熟的社区配套带来的生活便利，又享受到农村优美的生态环境和洁净的空气、水。通过就地城镇化转变为社区居民，村民可以享受与城市居民同等的社会保障体系。项目被列为湖南省重点建设项目，长沙市、长沙县城乡一体化建设项目，也是时任湖南省委常委、长沙市委书记易炼红同志的新农村建设联系点。项目吸引了来自全国各地的新农村建设考察团前来参观学习。

（四）地方融资模式

政策资金：该项目是湖南省国土资源厅土地增减挂钩试点项目。依据土地增减挂钩政策实施搬迁后集中居住，将节约出来的宅基地面积置换城市建设用地指标。目前，该指标已落实在长沙市天心区的暮云街道，土地收益返还测算为 2.5 亿元，全部统筹用于安置房建设和生态小镇公共设施的建设上面。

六、"农民的事农民做主"的节能新村建设机制——四川邛崃油榨乡马岩村

（一）村庄基本情况

本项目推广工程建设所在地位于四川省成都市邛崃市油榨乡马岩村。全村面积 3.6 平方公里，共有农户 396 户，人口 1 374 人；拥有耕地面积 1 436 亩，林地面积 2 480 亩。

（二）工程建设情况

项目位于邛崃市著名的"五瓣梅花章"创始地油榨乡马岩村，为农村土地整理项目，计划集中搬迁 150 户，建筑总面积 19 800 米²，砖混结构。

项目外墙采用240×240×115（毫米）新型自保温节能砖，外墙热桥采用40毫米厚中空玻化微珠保温砂浆，窗户采用5毫米+9A+5毫米节能中空塑钢窗，屋面采用40毫米厚挤塑保温板等措施。工程于2012年4月24日正式开工，2013年5月13日竣工验收入住。

（三）建设前后效果对比

在农村实行建筑节能及采用节能砖产品，老百姓的房屋整体保温隔热性能大幅提升，同时实现达到原有舒适度而能耗下降的目标，直接为农户节约电、燃气等生活成本开支。邛崃市在农村推广节能建筑采用自保温墙材示范试点工程的过程中，其能耗成本节约效应已凸显出来，不仅降低了建筑能耗，还为老百姓节省了生活成本。"这个房子真好，不管外面多热，一进房间就很凉爽，我们相当满意。"马岩村群众对邛崃市建筑节能工作做出了这样朴实无华的评价。

（四）能效跟踪

该建设项目有效改善了项目地村民生产生活条件，节能住房所发挥的节能效果成为当地节能减排最好的现场、最有效的宣传实物，农户眼见为实激发了兴趣而自愿接受，有的还迫切要求使用节能砖。周边区县乡镇政府也纷纷组织人员前来参观学习，由此带动项目示范点周边区县节能砖的推广应用，从而促进全市节能砖农村市场的快速发展，有效推动了项目区域社会经济、节能减排和生态环境建设同步发展。

（五）地方融资方式

项目实施的增量成本资金主要来自成都市与邛崃市两级墙改专项基金，并获得"中国政府与联合国开发计划署在中国开展节能砖与农村节能建筑市场转化项目"专项资金补贴。该项目总建设费用约4 738万元，其中联合国专项资金补助186 976.4元，成都市墙改基金补助240万元，邛崃市本级墙改基金补助61 327.6元，共计人民币2 648 304元，全部用于建筑节能增量工程。

七、川西地震灾后重建幸福村——四川邛崃郭坝、周河扁、喻坎村及红旗村

郭坝项目为"4.20"芦山地震灾后恢复重建项目，集中搬迁入住693

户，建筑总面积 102 396.74 平方米，为底框砖混结构。项目外墙采用 240×240×115（毫米）新型自保温节能砖，外墙热桥采用 40 毫米厚中空玻化微珠保温砂浆，窗户采用 6 毫米＋9A＋6 毫米节能中空塑钢窗，屋面采用 45 毫米厚挤塑保温板等措施。为进一步提升推广效果，该项目还将绿色、循环、低碳理念融入农村建筑，通过实施太阳能路灯、透水砖等措施达到绿色低碳、节能环保的目的。工程于 2013 年 10 月 13 日正式开工，2014 年 10 月已竣工。

周河扁聚居点位于邛崃市夹关镇，该项目为"4.20"芦山地震灾后恢复重建项目，集中搬迁入住 30 户，建筑总面积 5 700 平方米，为底框砖混结构。项目外墙采用 240×240×115（毫米）新型自保温节能砖，外墙热桥采用 20 毫米厚中空玻化微珠保温砂浆，窗户采用 6 毫米＋9A＋6 毫米节能中空塑钢窗，屋面采用 25 毫米厚挤塑保温板等措施。该工程于 2013 年 11 月 24 日正式开工，2014 年 1 月 20 日竣工。

喻坎村、红旗村居民安置点位于邛崃市临邛镇，为农村土地整理项目村，集中搬迁入住 350 户，建筑总面积 52 595 平方米，为砖混结构。项目外墙采用 240×240×115（毫米）新型自保温节能砖，外墙热桥采用 20 毫米厚中空玻化微珠保温砂浆，窗户采用 5 毫米＋9A＋5 毫米节能中空塑钢窗，屋面采用 30 毫米厚挤塑保温板等措施。工程于 2011 年 11 月 26 日正式开工，2014 年 3 月 18 日竣工。

八、新疆少数民族温暖的富民安居工程——伊宁市喀尔墩乡

（一）村庄基本情况

伊宁市喀尔墩乡地处伊宁市东郊 1.5 公里处，东接伊宁县胡地亚于孜乡，西接塔什库勒克乡，北连克伯克于孜乡，南邻伊犁河。总面积 26.7 平方千米，耕地面积 1.1 万亩，林地 5 981 亩。总人口 2 493 户 11 380 人，主要由维吾尔族、汉族、回族、哈萨克族等 13 个民族组成，其中维吾尔族村民占总人口的 81％、汉族占 10％、回族占 7.5％、哈萨克族占 1％、其他民族占 0.5％。乡政府下设 5 个行政村，28 个村民小组，2 所学校，1 所医院。全乡共有干部 205 人，自治区级农村"四老"人员 27 名。

2014 年喀尔墩乡党委、政府以加速推进城乡一体化建设为目标，狠抓经济发展工作，确保了乡域经济又好又快的发展势头。全年实现农村经济总收入 49 792 万元；固定资产完成投资 36 367.59 万元，农牧民人均纯

收入达 13 671 元，增加 1 204 元，其中，一产人均纯收入 5 173 元，较 2013 年增长 2.4%；二产人均纯收入 1 611 元，较 2013 年增长 7.1%；三产人均纯收入 2 627 元，较 2013 年增长 14.6%；劳务输出人均纯收入 4 260 元，较 2013 年增长 13.6%。

喀尔墩乡辖 5 个行政村。东梁村和花果山村位于 S 220 线两侧，吉里格朗村位于南环路，巴依库勒村位于胜利街北段，临潘津乡，英阿亚提村位于英阿亚提大街。

（二）工程建设情况

项目实施周期为 2015 年 7 月至 2016 年 1 月 31 日，按照全球环境基金"增量成本"原则，结合各级政府相关计划项目和资金安排，以及当地居民实际生活状况，制定了项目补贴方案，为有困难的农村居民提供节能住宅建设补贴，使用节能砖建房每户补贴 6 400 元，提高了农村居民建设使用节能建筑的积极性。

为加强统筹管理，做好组织协调，完成合同任务，在项目实施初期组建了 6 人项目小组，由项目区主管副乡长担任项目组长，项目区乡安居办主任担任项目副组长，聘请项目技术专家 1 人，项目技术监督员 1 人，并由项目村村支部书记担任项目执行人。总体负责项目在伊宁市喀尔墩乡实施，开展调查评估工作和制定工作方案，组织项目督导检查，向国家项目办汇报工作进展等。

（三）建设前后效果对比

（1）住房条件的改善。项目建设后农民住房条件得到明显改善，节能砖良好的隔热性使得房屋冬暖夏凉，大大提高了农民居住的舒适性。

（2）农民收入以及就业情况的变化。项目建设前农民收入来源大多来自务农，建设后因市场环境变化，部分农民外出打工，农民年收入大幅提高。

（3）农村生活节能结构的变化。项目建设后农民燃煤使用量大大减少，且逐渐改造为天然气炉灶。

（4）农民意识、精神面貌变化。通过对节能建筑的宣传和农民的实际使用体验，节能砖及节能建筑获得农民一致认可，获得了很好的推广效果。

（5）节能减排效果。项目建成后，节能建筑使得房屋的能耗大大降低。

（6）社会效益。项目有效推动了节能砖在新疆伊宁市喀尔墩乡农村的应用，提升广大群众自觉降耗节能、节约资源的意识，逐步改变传统观念，树立节能新理念；推动节能砖的应用和农村节能建筑的建设与节能减排工作的落实，为培育农村节能建筑市场，促进建筑节能新型产业经济发展发挥了重要作用。

九、节能砖助力西藏高原设施农业发展——西藏拉萨德林村

（一）基本情况

堆龙德庆区岗德林蔬菜种植农民专业合作社位于西藏拉萨市堆龙德庆区乃琼镇岗德林村，2004 年由 11 家农民自发联合成立了农民营销协会。随着协会的发展，更多的农民加入进来，于 2008 年正式成立了堆龙德庆区岗德林蔬菜种植农民专业合作社。2015 年底入社农户已达 358 户，直接带动农户 596 户。合作社现有总资产 5 888 万元，年生产蔬菜、花卉 1 万吨，销往拉萨市及周边地区。

（二）实施项目情况

2013 年，农业部"节能砖与农村节能建筑市场转化项目"在西藏设点，为藏区藏民提供节能建筑工程建设。2014 年 9 月 MTEBRB 项目办考察了西藏拉萨市的节能砖生产和应用情况。项目考察过程中发现，节能砖不仅可以为藏区节能建筑带来福音，而且可以延伸至西藏设施农业发展上。堆龙德庆区岗德林蔬菜种植农民专业合作社建有全国标准蔬菜园，园内高效大棚 1 260 栋，占地 1 600 亩，无公害蔬菜产品占地面积 1 200 亩。园区内分为蔬菜种植区和花卉种植区。蔬菜种植区又分为蔬菜加工区和蔬菜深加工区。蔬菜和花卉均在园区内的展示交易中心进行交易。

"服务三农，增加农民收入"是合作社的职责和中心工作。2005 年以来，合作社获得自治区及各部门颁发的荣誉证书。2009 年获得自治区政府颁发的"西藏自治区农业综合开发经营龙头企业"称号，并先后被自治区政府和西藏农科院授予"无公害蔬菜标准化生产示范基地"和"蔬菜科技示范基地"等称号。

（三）节能砖推广企业情况及产品质量情况

2013 年，德林合作社开始筹划对现有温室进行更新改造，根据西藏

当地的土地资源和气候、光照等自然条件，从温室的结构、墙体、拱架及建筑材料选用等方面，邀请专家进行反复论证，将 290×190×190（毫米）水泥砖改为符合 GB 13545—2013 标准的烧结多孔砖，将原有 50×8（米）日光温室改造为 80×10（米），土地利用率提高了 20％。改造后，经过试验对比，经济、社会和生态效益上均取得了显著提升。首先是经济效益：合作社在 2013 年底改造建设了 100 栋 80×10（米）日光温室，2014 年改造了 7 栋日光温室。墙体全部采用拉萨远大集团红墙有限公司生产的页岩烧结多孔砖。两种墙材经应用对比，在 1 月份自然环境最低气温时，采用页岩烧结砖的温室比采用水泥砖的温室室内温度平均提高了 2.5～3.5℃。温室内温度的提高，使单位面积产量提高 8％左右，每栋温室增加了 2 500 元左右的产值。烧结页岩多孔砖比实心水泥砖同体积容重减轻 30％以上，减轻了地基承载载荷，墙体高度提高了 0.6 米，相应地增大了温室内空间高度，在夏季浇水后，室内平均相对湿度在 65％～80％之间，有效地减少了农作物的病害，提高了无公害产品品质。第二是生态效益：由于采用了本地的页岩多孔砖，资源开采环节符合可持续发展要求，产品生产环节安全、清洁、环保，使用功能节能、绿色、耐久、抗风化性能强、可回收利用，提高了生态效益。保证了合作社多品种发展，有效地促进当地农民增收，促进合作社增效。

（四）农业设施使用节能砖效果分析

（1）单位面积建设成本分析。原 50×8（米）水泥砖墙体温室每平方米总建筑成本为 176 元（建 800 平方米需资金 140 800 元）；采用节能砖 80×10（米）的温室，每平方米总建筑成本为 194 元（建 800 平方米需资金 155 200 元），节能砖温室比水泥砖温室高出 14 400 元。

（2）大棚可使用空间建设分析。水泥砖只有 2 米高，节能砖 6 米高，节能砖大棚的立体空间是水泥砖大棚的 3 倍以上，这样对经济作物的品种选育和立体农业发展非常有利。

（3）投入产出比分析。按单位面积产量及产值分析，50×8（米）水泥砖的温室每平方米年产值 75 元；80×10（米）的节能砖温室每平方米产值 94 元，单位面积产值比原水泥砖提高 12.5％。

（4）投资回收期分析。原 50×8（米）的水泥砖墙体温室在正常年投资回收期为 6.5 年，现 80×10（米）的节能砖温室投资回收期为 5.2 年。

也正是因为以上这些原因，合作社在 2020 年前将 1 060 栋 50×8（米）

水泥砖温室逐步改造成 80×10（米）的节能砖温室，提高农作物产量，提高经济效益。

十、节能砖与农村节能建筑先行区——浙江（湖州、嘉兴、富阳、衢州）

（一）基本情况

2010 年至 2016 年浙江省共组织建设完成 10 个示范村及推广村，所建项目全部按照住房和城乡建设部及国家强制性建筑节能设计标准有关规定进行设计施工，外墙使用项目办规定的节能砖，节能措施有保温砂浆和铝合金双层中空玻璃，确保房屋达到 50% 以上的节能要求。项目执行期间，节能砖生产企业完成生产设备的改造，同时结合推广项目，为技改企业提供市场推广服务，促进节能砖在浙江农村的全面推广。六年来，在国家项目办及国家墙委会的指导下，通过浙江省项目办各级工作人员的共同努力，浙江省转化项目目标基本实现。

（二）实施项目情况

从 2010 年开始，浙江省被列为"节能砖与农村建筑市场转化项目"示范推广地区。浙江省发展新型墙体材料办公室联合浙江省农业生态与能源办公室及浙江省新型墙体材料行业协会按时完成了 1 个农村节能建筑示范村、9 个农村节能建筑推广村和 3 个节能砖生产企业技改。示范村为平湖市文丰花苑项目，9 个推广村分别是杭州市富阳区大源镇新关村、湖州市杨家埠镇塘口村、海盐县元通街道电庄村、德清县洛舍镇东衡村、衢州市衢江区湖南镇破石村、杭州市富阳区春江街道民主村、湖州市南浔区菱湖镇新庙里村、湖州市南浔区善琏车家兜村、嘉兴市秀州区王江泾双桥村沙河景园项目，3 个节能砖生产企业技改分别是杭州春城建材有限公司、富阳新亿建材有限公司以及海盐达贝尔新型建材有限公司。

浙江省在组织实施过程中，将项目实施与墙改工作有机结合，将"农村建筑节能推进工程，推广应用新型墙体建材、环保装修材料以及推广建筑节能、节水新技术"写进了浙江省委办公厅、浙江省政府办公厅《浙江省美丽乡村建设行动计划》中。在浙江省 10 个农村节能建筑示范村及推广村建设过程中，始终遵循"绿水青山就是金山银山"的理念和按"浙派民居"要求彰显特色的发展思路，传承文化，经济适用，美观安全，留住乡愁乡情，改变千村一面，千户一面，千房一面的现象，充分利用当地生态环境和自然山水脉络，体现人与自然相互协调的美感。10个农村节能建筑示范村及推广村各具特色，各有亮点，包括整村拆迁安置、统一规划设计农民自建等多种建造形式，房屋形式由各种别墅及多层与高层组成。农民搬进节能建筑新房后，普遍认为冬暖夏凉，住上了好房子，过上了好日子，提升了生活品质，改善了居住环境，变成了美丽乡村。浙江省在农村节能砖与节能建筑推广过程中践行国家项目办提出的"砖筑生态村镇，同筹绿水青山"建设理念，取得明显效果。

（三）浙江项目办对建设项目扶持情况

在项目实施过程中，浙江省出台配套补助政策，每个项目省、市、县（区）配套30万元，项目验收达到标准合格后全部下拨到推广村。为使项目顺利实施，根据浙江财政厅新型墙体材料专项基金可用于"农村新型墙体材料示范房建设及试点工程的补助"的规定，推动县市出台农户使用节能砖补助政策，海盐、德清、富阳等县市对列入农户使用新墙材节能砖的家庭每户补助3 000～10 000元，使农民真正享受到使用节能砖带来的实惠。

第五章　综合推动　持续发展

第一节　科学管理

一、组织管理体系

科学有效的组织管理体系是项目高效运行的关键。节能砖项目的组织管理主要包括项目三方评审会、项目指导委员会、财务管理机构、国家项目办公室、专家咨询委员会和地方项目管理咨询机制等。详见图5-1。

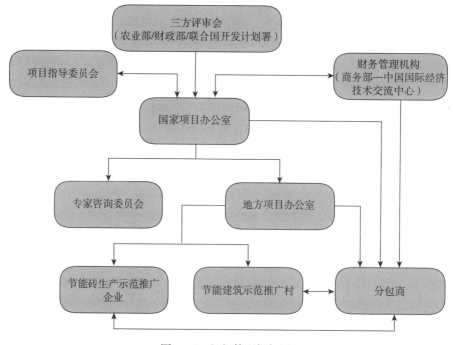

图5-1　组织管理框架图

　　节能砖项目的最高机制（顶层机制设计）是项目三方评审会和项目指导委员会，共同承担节能砖项目实施过程中国家层面的审核、指导与决策工作。其中，项目三方评审会由农业部（项目国内实施机构）、财政部（全球环境基金归口管理部门）和联合国开发计划署（项目指定机构）组成，每年举行一次。三方代表与其他项目相关利益方（政策指导委员会、专家咨询委员会、地方项目管理团队、农民与企业家代表等）一起听取项目办的实施进展报告以及年度工作计划，最终决定批准项目实施过程中的重大事项。此外，三方评审会还向项目办、与会代表通报中国政府和GEF/UNDP 的最新政策、规定与行动，以便于项目办和相关利益方在实施、参与项目的过程中更加有效、紧密地予以配合、调整。

　　项目指导委员会由农业部牵头，财政部、发展改革委、住房和城乡建设部、科学技术部、环境保护部、国土资源部、中国砖瓦工业协会、全国建筑节能标准化技术委员会及联合国开发计划署等机构代表组成，参加项目年度汇报与决策会议。原则上，项目指导委员会与项目三方评审会每年年底召开一次，如遇项目重大调整之类情况，则根据需要增加会议次数。会议由国家项目办向与会代表汇报本年度项目实施情况，并提出下一步工作计划及需要讨论的项目事宜，由与会代表讨论，并由项目指导委员会成员审定。此外，项目指导委员会也通过信息通报、会议、实地考察等各种方式全面、深入参与项目实施过程，一方面对项目实施提供政策指导，另一方面也有效整合了中国政府各部门的行政、技术和财政资源，既保证了项目配套资金的差额落实，又使项目成果更为迅速有效地转化为中国政府的政策和行动。项目启动伊始就成立了由 UNDP 和国家政府相关部门组成的国家项目指导委员会，主要负责组织协调有关部门为项目实施方案和相关政策提供咨询，审定项目工作计划，监督项目实施进展，提出项目调整建议等。

　　财务管理机构：负责按照 UNDP 和 GEF 项目资金管理的要求，按照国家项目办的授权，进行项目资金申请、拨付、财务报告的撰写、CDR的编制，并配合审计工作。

　　国家项目办公室：是项目具体执行和组织单位，负责项目日常管理和组织协调，负责与 GEF、UNDP 以及国内有关政府部门的日常联络，筹备、组织实施项目相关活动，监督项目分包合同的实施。农业部科技教育司相关领导任办公室主任、副主任，具体成员包括相关工作人员和项目管理人员。

地方项目办公室：一般设立在省级农村能源主管部门或墙改部门，负责本地项目的日常管理和组织协调，负责与国家项目办及本地区有关政府部门的日常联络，组织项目相关活动的实施，监督本地区项目分包合同的实施。

专家咨询委员会：由中央和地方制砖行业、墙材行业、建筑行业、农村能源行业的专家组成，负责为项目提供技术咨询和建议。

地方项目管理与咨询机制：项目活动在全国进行示范推广，组织和监管工作量巨大，地方项目团队的执行效率关系项目成败。在项目启动以后，国家项目办就把工作重点放在了地方项目管理机制的建立上。随着项目活动逐步展开，在项目实施重点省份建立了由农业或建材管理部门牵头的项目管理团队，承担项目办委托的相关项目活动，或组织开展当地的示范推广工程建设。此外，在省级项目管理团队的配合下，项目还在各个省份组织了由建材、建筑专家组成的地方项目技术支持团队，负责帮助地方项目管理团队实施对示范推广工程的技术监管；在示范推广工程建设所在县组织了相应的项目管理团队，具体负责示范推广工程建设。

各个相关利益方在项目实施和协调过程中的主要作用如下：

农业部：是项目的国内实施机构，具体由农业部科教司负责项目的执行和实施管理，科教司副司长为国家项目办主任。国家项目办主任全权负责确保通过项目实施，实现项目文件规定的目标与任务；国家项目办主任代表农业部负责项目的计划、协调、过程质量控制和项目的财务管理。农业部是中国政府对农村地区的主要行政管理机构，国务院授权农业部具体负责农村地区的节能减排工作，因此，由农业部负责项目执行，保证了GEF项目能够在具体实施层面与中国政府的有关发展战略、行动计划密切配合，顺畅进行。农业部科教司具有实施GEF项目的丰富经验，此前，农业部科教司已与UNDP合作，成功实施了GEF TVE项目，得到了最终评估"高度满意"的评价，并被GEF评估局、UNDP作为成功案例在国际广泛分享。而且，由科教司具体负责项目执行，使GEF TVE项目的相关成果（特别是关于农村地区建材行业的部分）能够更为有效地为MTEBRB项目利用。

UNDP：联合国开发计划署。国家办公室和亚太区域办公室气候变化技术顾问代表GEF负责对项目实施全面的监管，确保项目实施过程和结果符合GEF有关政策规定以及项目文件要求。

财政部：财政部作为中国政府全球环境基金归口管理部门，负责监管项目实施满足中国政府 GEF 项目管理的相关规定。

实践证明，项目建立的管理体系运行是平稳高效的，不仅保证了项目计划、活动组织、成果质量控制、项目跟踪评估都能够满足 GEF 和 UNDP 及项目文件的要求和规定，而且能够针对现实形势的变化，迅速积极应对调整。

二、管理与推动

项目执行过程中的有效监督和跟踪，是项目活动按期完成的有效保证。本项目在实施过程中，严格按照 UNDP 和 GEF 项目管理的有关要求和中国政府的相关规定，采取层级管理的原则，对项目活动进行跟踪督导。

(一) 工作计划的制定

根据项目文件的设计，制定项目五年工作计划，然后在保证总体目标不变的情况下，根据 UNDP 的要求，制定双年工作计划，指导年度工作的实施。

(二) 跟踪评估制度

项目跟踪评估包括定期报告提交制度、分包合同管理制度、项目信息收集制度等。

1. 定期提交进度报告

根据 UNDP 和 GEF 现行相关规定对项目进行监测、评估。国内实施机构需向 UNDP 提交项目季度报告、年度报告和项目实施报告。季度报告主要是总结项目成效、项目进程、对原计划的调整、实施过程中遇到的问题以及解决这些问题的措施及下季度工作计划。

季度工作计划立足项目整体目标和能效指标，运用这些指标来评审项目运行状况。通过评审报告、召开会议等方式，不断完善项目方法和项目活动。项目办每季度向项目指导委员会汇报项目进展和已取得的成果。届时，将根据项目目标和能效指标制定季度工作计划，并在必要时对该计划进行调整和修订。

项目年度报告和项目实施报告将参照实施和影响指标对项目进展进行更深入地描述并评估项目成效。如在项目方法上有任何调整，都要报请项目指导委员会评估，并等待委员会批准后实施。

2. 对项目分包合同的管理

根据年度工作计划，制定咨询服务的工作任务大纲，然后按照项目采购规则，进行分包商的采购并签署分包合同。按照项目分包合同约定的工作进度，及时与分包商沟通项目进展情况，对实施过程中存在的困难和问题进行处理，保证合同按期完成，提高项目执行率。

3. 项目信息的定期收集

项目办针对宣传、培训、工程建设、政策制修订、配套资金等主要内容制定了信息收集表，由相关负责单位实施统计信息，每半年提交项目办一次，作为日常信息收集的主要途径，保证了项目信息数据的连续性。

三、适应性调整与管理

适应性管理是指项目能够预测挑战并能做出有效反应。通常 GEF 项目从设计到实施周期很长，而当今社会发展变化日新月异，尤其是中国幅员辽阔，人口众多，地区差异极大。在项目实施期内，社会经济条件发生了巨大的变化，包括受自然因素的制约和影响，往往会出现一些项目初未预料到的情况。在这种情况下，为了保证项目正常、顺利进行，在保证项目目标和成果不变的情况下，采取了全方位的、有针对性的措施和办法，对项目活动进行了及时调整，确保了项目成果的取得和目标的实现。

在节能专项目实施过程中，国内的经济、政策、管理架构、社会形态都在迅速激烈的变化，这些因素使项目设计、计划、实施面临巨大挑战，适应性管理成为项目成功必不可少的条件。项目办充分吸取了过往实施 GEF 项目的经验教训，从逻辑框架设计、机构安排、伙伴关系建立、管理与实施策略、项目进度安排、项目内容与活动等方面系统采取了适应性管理方法，取得了满意的效果。

（一）项目逻辑框架为适应性调整留足了空间

在项目逻辑框架建立过程中，经过与 UNDP 区域办公室技术顾问以及项目办充分讨论，在 UNDP 具体指导下，确立了如下原则：一是项目目标、直接目标、成果明确，目标与指标具体，具有强烈的约束性；二是项目活动安排留有弹性，方便根据情况变化，调整活动内容与预算安排。

实践证明，在严格遵循 GEF 和 UNDP 项目计划及预算安排有关规定的前提下，由具体明确的项目目标、成果、指标与灵活而具有弹性的项目活动相结合所构成的项目逻辑框架是保证项目适应性管理成功的先决条件。

（二）机构安排

在项目设计阶段，原本没有提出对地方项目管理团队的具体要求。但是，随着项目实施的推进，特别是随着示范推广工程数量的大量增加，项目办开始思考进一步提高管理效率，改善监管措施。经过逐步试验，项目办在全国13个省份建立了项目管理团队，在示范推广区域所在县也建立了由地方领导牵头的工程组织监管团队，此外在大部分项目所在省份建立了地方技术咨询团队，聘请了专家，帮助地方项目管理团队组织管理项目实施。由项目团队对这些地方项目团队开展了持续、深入地培训，帮助他们提高管理GEF和UNDP项目的能力，极大地促进了项目的高效实施。

（三）管理与实施策略

随着项目实施顺利开展，项目办认识到有利形势的发展大大超过项目设计阶段的预期，必须审时度势调整实施策略，充分利用有利时机，更加积极主动地扩大项目影响，为此，项目办在具体实施过程中作了一些调整。

1. 节能砖生产与应用的复制推广

经过中期评估后，项目办意识到项目不应该仅仅停留于开发制定节能砖标准，而应该做到：①将标准体系的建立与完善向下游延伸，不局限于产品标准，还应该包括测试、能耗标准、应用规程、施工工法；②将节能砖标准的宣传贯彻与加大执法力度作为进一步努力的方向，以进一步加速节能砖市场化发展的规模与速度。通过上述实施策略的调整，项目收获了满意的成果。

2. 农村节能建筑的复制推广

在项目实施过程中，项目办意识到，农村节能建筑推广应用的条件存在极大的地区差异，不应该局限于项目文件设计的零星分散的示范与推广，而是应该因地制宜，在有条件的地区尝试开展以地域为单位的系统推广复制。为此，项目办与中国循环经济协会墙材革新专业委员会、浙江省墙改办、成都市墙改办和咸阳市墙改办等地方政府部门合作，通过示范推广，将农村节能建筑的推广应用纳入地方政府相关规划与行动方案。这样，不仅增加了项目推广工程的数量，极大增加了配套资金的落实力度，而且从政策与体制上极大地增强了 GEF 干预的可持续性。

3. 开辟融资渠道、增强金融激励

通过项目实施，项目办意识到，由于农村节能建筑市场仍然处于市场发育的萌芽阶段，商业金融机构并不能扮演引领市场发育的主导作用，因此，在这个阶段，政府的资金支持与财税政策激励是推动市场发展的关键因素。为此，项目办调整项目实施策略，在努力吸引商业金融机构参与项目的同时，把工作重点转移到对政府资金与财税激励政策的发掘上来。通过与墙改办及财政部财税研究所的合作，一方面，项目成功地引入了墙改基金作为农村节能建筑推广应用的启动资金，另一方面，把农村节能墙材的生产纳入政府财税优惠的范畴，从而保证了节能砖与节能建筑在未来的推广应用享有可持续的资金渠道与金融激励。

四、财务管理

2010 年，农业部科技教育司与商务部中国国际经济技术交流中心签署了《节能砖与农村节能建筑项目管理服务协议》，委托其为项目提供财务管理服务。中国国际经济技术交流中心拥有项目专属的人民币及美元账户，其项目财务人员统一使用能够与 UNDP 财务管理系统对接的项目管理系统（PMS）作为项目的财务管理软件，通过 PMS 进行项目原始财务数据录入，建立项目预算和项目工作计划，每个季度初根据项目办公室提供的当季度工作计划向 UNDP 申请预拨款，UNDP 批准的款项将直接汇入项目专属账户。每个季度结束后，中国国际经济技术交流中心向项目办公室及 UNDP 提交季度财务报表（FACE）；每个财政年度结束后，中国国际经济技术交流中心向项目办公室及 UNDP 提交年度综合执行报告（CDR）。

在项目支付方面，由国家项目办向中国国际经济技术交流中心财务人员提供经国家项目办主任签字确认的《付款确认书》及报账材料，经中国国际经济技术交流中心确认符合财务规定后，由项目账户将款项转账到《付款确认书》中的指定账户，该笔付款同时记录在 PMS 的相应报表下。

项目文件设计的配套资金共计 4 484.21 万美元，截至 2016 年 12 月，项目已实现的配套资金达到 32 814.7 万美元，接近设计时的 7 倍，其中大部分源自在项目点和推广点工程建设中，受到项目推动和催化带动作用下所撬动的墙改基金、土地流转资金、农民及砖厂自筹等。

第二节　科普知识产品创设

新技术的推广应用离不开知识和技术的普及，国家项目办一直重视项目的科普工作，编创并开发了一系列农民、建筑工人、基层干部喜闻乐见的节能砖与农村节能建筑科普制品，包括节能砖科普挂图、科普对联、科普宣传册等知识产品。

一、项目科普挂图

科普挂图以节能砖和节能民居为重点，介绍了节能砖与传统砖的区别，以及节能型民居的特点和美丽乡村建设的愿景。

二、科普图书和多媒体科普制品

（一）制作多媒体宣传品

项目制作了两个科教片和两个宣传片。两个科教片分别是《新型节能砖和节能砌块生产技术》和《农村节能建筑施工工艺》，前者主要介绍项目选定的四类节能砖产品的生产工艺和节能方式，后者主要介绍节能砖的砌筑工法及农村节能建筑主要类型。两个项目宣传片分别是项目成果宣传片《砖筑绿色村镇，同筹绿水青山》和项目国际分享专题片《节能砖加减法》，前者全面介绍项目取得的各项成果和影响及农业环保部门和墙改部门在农村节能减排中的行动；后者通过加减法，阐述了项目实施为相关利益方带来的经济、社会和环境效益及项目积累的丰富经验，阐述了项目在农村生态文明建设和节能减排中的示范引领作用，为项目成果在国内外的推广应用提供了有效载体。

（二）制作平面媒体宣传品

项目充分结合受众的需求，设计制作了不同形式的，通俗易懂的科普宣传品。主要包括：①项目设计、开发并印刷了科普年画 10 000 套，分发给项目示范推广点和相关利益方，积极推广项目的效果。②结合中国春节传统文化，设计制作了 6 套以节能砖和农村节能建筑为主题的春节贺年科普春联共 38 000 份，深受项目区村民的欢迎，既宣传了节能砖的科普知识，又增添了祥和的过年气氛。③根据项目的特点，在项目启动、中期和终期分别设计制作了中英文宣传册，介绍项目的概况、产出成果、节能砖生产技术重要信息及项目经验与做法、国内外的信息交流和经验分享，推动项目成果的可持续推广应用。

（三）节能砖与农村节能建筑科普展览室

为了继承和发扬"秦砖汉瓦"的优良传统，构建现代建筑文化，增强全民节能降耗意识，加快新型墙体材料和建筑节能产品推广应用步伐，项目在陕西咸阳墙体材料展览室建立了节能砖展示专区，采用形式新颖的陈列方式，以独特的视角、强烈的对比，全面展示古今中外的各类墙体材料，让观众直接感受墙体材料的发展历史、建设成就和建筑文化，增强人们的实践体验；项目办与成都市墙改办及邛崃市建设局共同在邛崃灾后重建项目推广区——邛崃郭坝居民服务点建立了节能砖与农村节能建筑科普展览室，以挂图、图片、节能砖实物宣传为主要形式，用农民习惯的语言向社区居民宣传节能建筑科普知识。

第三节　技术培训与宣传推动

一、多种形式的技术培训

考虑到制砖企业和农村建筑开发商绝大部分为乡镇企业，与其他行业相比，管理水平、人员素质、装备技术、组织化程度均较差，提高他们的意识，普及相关知识对项目成果的推广创造和改善环境尤为重要。另外，低碳生产、低碳生活，最终实现低碳发展有赖于农村基层管理者和农民意识与素质的提高，项目组织开展面向农村干部、砖瓦行业、墙改系统和农村资源环境系统干部的不同类型的宣传培训活动 39 期。

（1）项目启动培训：通过在国家层面和 9 个示范省开展项目启动培训班，对中央、省、市县的项目相关利益方进行节能减排、节能砖与农村节能建筑、项目管理等内容的培训，全面提高各方的项目管理能力，促进项目的顺利启动，培训人数达 546 人次。

（2）农村实用人才带头人培训：项目与国家"农村实用人才带头人"培训活动结合，开展了农村节能减排国际形势、相关知识与适用技术及装备的普及型培训，培训农村基层管理人员 5 814 人次，向来自全国各地的基层领导干部尤其是大学生村官传播了项目信息和节能减排的理念。

（3）行业宣传培训：结合中国砖瓦工业协会和中国循环经济协会墙材

革新工作委员会每年的年会暨展览会，项目在行业年会上开展了8次宣传展览活动，受众10万人次。

（4）举办绿色村镇知识问答和节能建筑设计大奖赛：组织开展节能建筑设计大奖赛，为农村绿色建筑推出一系列典型设计案例，为今后农村节能建筑的设计提供参考。开展了绿色村镇知识问答，来自项目相关技术、科研单位、项目区及非项目区500名代表参与了此次活动，极大地扩大了项目的影响力，提高了公众对于节能砖和农村节能建筑的认知度。

（5）年度工作会议：项目在杭州、武汉、成都、重庆分别开展了年度工作部署会和年终工作总结，邀请项目示范省份、推广省份、国家和地方专家、主要分包单位代表参加，一方面介绍项目取得的阶段性成果，另一方面交流行业发展的信息，培训项目的关键技术，如建筑能效测定方法、制砖行业标准、项目监管验收程序、项目评估方法等着力推进项目开展的技术和管理办法，促进项目相关利益方对项目全面整体的把握。

通过上述多种多样、有针对性的宣传活动，项目信息扩散受众达到一千万人次。

二、立体宣传推广

开发并建立了电视、广播、互联网、报纸等多种媒体相结合的立体宣传网络，多种途径向相关利益方传播节能砖与农村节能建筑的有关知识，包括节能砖与农村节能建筑信息网络建设、项目多媒体宣传产品的发行、媒体报道等。

（一）建立并正式运行了节能砖与农村节能建筑信息传播网络

2010—2011年，在充分调查用户需求的基础上，项目分别设计、开发了节能砖以及农村节能建筑的信息系统软件。2012年项目办选择中国建材检验认证集团西安有限公司的砖瓦信息网和农业部农村社会事业发展中心的新农村建设网作为节能砖信息网和农村节能建筑信息网的运行平台，建立了后台设备系统。2013年经过调试和试运行，这两个网站即农村节能砖信息网（www.eebrick.org.cn）以及节能建筑信息网（www.reeb.org.cn）均开始了正式运行，并在不断的内容更新和充实完善中为项目以及节能砖与农村节能建筑的有关信息传播和宣传搭建了广泛深入的平台，截至2016年，两个网络信息平台正常运行，持续向社会及行业传播节能砖生产应用技术标准、质检要求及农村节能建筑有关政策、经典案例等信息，充分发挥了服务行业技术信息的功能。

同时，项目开发设计和完善了项目管理网站（www.mtebrb.org.cn），建立了中央与地方层面的交互平台和完整的项目成果展示模块，充分发挥了服务项目管理、项目跟踪评估、项目招投标和项目培训及宣传的功能，为节能砖与农村节能建筑项目的科学管理、信息可持续传播提供了有力平台。三个项目网站年点击量达到24.5万人次，为项目成果的可持续传播提供了有效途径。

（二）项目多媒体宣传产品的发行

设计和制作广大农民喜闻乐见的媒体宣传产品，并通过有效的传播渠道传播到千家万户中，是建立可持续的市场化信息传播和宣传机制，及促进节能砖与农村节能建筑推广应用的重要方式。

《新型节能砖和节能砌块生产技术》科教片在组织部"全国农村党员干部现代远程教育平台"上进行了播放。该平台是全国农村党员干部宣传教育培训的重要平台，面向全国60万个基层农村党支部。2015年项目办与中央农业广播学校合作，利用"全国农村党员干部现代远程教育平台"先后三次播放了新型节能砖和节能砌块生产技术科教片，宣传效果良好，让基层党员干部认识到节能砖与农村节能建筑对新农村建设的重要性，也进一步让农村建筑节能理念深入人心。

（1）依托平面媒体宣传品：项目充分结合受众的需求，设计制作了不同形式的，通俗易懂的科普宣传品。主要包括：①印刷了项目科普挂图及年画10 000套，分发给项目示范推广点和相关利益方，积极推广项目的效果。②结合中国春节传统文化，设计制作了6套以节能砖和农村节能建筑为主题的春节贺年科普春联共38 000份，深受项目区村民的欢迎，既宣传了节能砖的科普知识，又增添了祥和的过年气氛。③利用《砖瓦世界》《农业工程技术——新能源产业》等专业期刊对项目的基本信息、进展、经验、成果及重大活动进行专栏报道，面向产业和科技领域系统宣传了节能砖与农村节能减排的先进技术和理念，受众达10万人。④《农民日报》宣传，2013年和2016年项目分别在《农民日报》上开展了推广节能砖和农村节能建筑领域的科普宣传和项目经典案例宣传，共10期，取得了广泛的传播效果。

（2）多渠道传播宣传品：通过CCTV-1的"朝闻天下"节目专门报

道了项目的成果，中国之声、中国日报、凤凰网、人民网等均对项目进行了宣传报道。

第四节　资源整合　协力共进

全球环境基金项目注重多利益方的参与，项目在设计以及实施过程中充分考虑利益相关者的广泛参与，以确保有关国家和当地政府主管部门进行合作，同时保证项目的设计实施可以被农村居民、开发商和制砖企业所接受。因此，项目文本设计中就明确了各利益方的角色（表5-1）。

表5-1　相关利益方的角色

机构	项目中的角色与作用
联合国开发计划署	全球环境基金项目指定实施机构，对项目的实施进行监督
农业部	项目实施机构，负责与财政部、住房和城乡建设部、发展改革委等部门及地方政府的沟通协调；负责项目推进、进度掌控、产出质量把关、试点和能力建设等
财政部	全球环境基金归口管理部门，项目指导委员会成员单位；该机构通过项目指导委员会积极参与项目实施，尤其在相关政策研究和建议、标准制定以及国家发展路线图和推广机制方面
发展改革委	项目指导委员会成员单位，推动农村节能建筑可持续发展战略和政策
住房和城乡建设部	项目指导委员会成员单位，与农业部相关部门保持密切联系，根据国家政策的调整及时对项目工作进行相应指导；在村镇建设试点工作中，得到当地村镇建设管理部门的支持，确保做好农村住房建设、农村住房安全，保证项目实施并取得最优效果
科学技术部	项目指导委员会成员单位，负责科技政策的咨询和把关
国土资源部	项目指导委员会成员单位，通过项目指导委员会积极参与到项目实施中，尤其在相关政策研究和建议、标准制定以及国家发展路线图和推广机制方面
环境保护部	项目指导委员会成员单位，负责环境保护政策的咨询和把关
地方政府	组织并参与地方子项目实施过程，提供监管和指导；项目对其进行能力建设，增强其组织、实施节能砖与节能建筑应用活动的能力
地方农村建筑开发商	农村节能建筑的主要施工者，项目通过一些培训和知识共享，增强其在节能建筑和节能砖使用方面的能力
农村居民	项目技术援助的主要对象和受益方，农村节能建筑的拥护者，积极参与项目各类活动。项目将通过培训和知识共享活动，增强其在节能建筑和节能砖使用方面的能力，并提供相应补贴
农村制砖企业	项目技术援助的对象和受益方，积极参与节能砖生产活动，并为农村节能建筑提供节能砖产品

(续)

机构	项目中的角色与作用
地方金融及行业管理机构	项目技术援助的对象，是农村砖厂和建筑开发商的主要融资渠道，通过多方面的协调和融资，积极参与各类项目活动
节能建筑和节能砖相关研究机构	项目技术咨询委员会成员单位，项目活动分包承担单位，在支持农村建筑开发和砖产品生产方面发挥积极的技术支持作用
金融研究机构	项目技术咨询委员会成员单位，项目活动分包承担单位，在制定、实施、实践相关政策、规则和商业操作方面，向政府部门、银行和农村企业提供建议
节能和能效政策研究机构	项目技术咨询委员会成员单位，项目活动分包承担单位，在支持各级政府机构和其他从业机构开发和实施节能政策、条例和节能管理规划中发挥积极作用

根据项目需要，在项目文件原有设计的伙伴关系之外，拓展了更加深入广泛的新的联系与合作，具体包括：

（1）中国砖瓦工业协会：重点在推动节能砖技术创新和行业转型升级方面与项目办形成合力，推动砖瓦行业的政策研究，通过协会的年会、中国砖瓦工业展览会等活动，一方面引导项目示范推广企业学习先进的制砖理念和技术，一方面展示项目成果，扩大项目影响，很好地实现了项目辐射带动作用。

（2）中国建筑科学研究院：重点在农村节能建筑标准创设和标准体系构建、建筑能效等方面强化支撑，是项目强有力的技术支持单位。

（3）中国建材检验认证集团西安有限公司：主要是在节能砖产品及应用技术标准方面，与项目合作开发了一系列节能砖产品及检测标准，对节能砖示范和推广企业的产品质量进行检测，节能效率进行核算，保证了项目的高质量推进。

（4）住房和城乡建设部科技与产业化发展中心：重点在农村节能建筑相关政策方面与项目办形成合力。在借鉴城市住房节能政策与管理的基础上，与农业部共同探索农村建材和农村节能建筑未来的政策趋向和可持续的绿色支撑，推进了相关政策的创新。

（5）中国循环经济协会墙材革新专业委员会：项目在实施过程中，通过不断试验、调整，加深了与国家墙改办及示范推广地区地方墙改办的战略合作，在政策开发、示范推广工程建设、技术培训等方面开展了广泛而富有成效的合作。与墙改办的战略合作主要成果包括：①将项目政策开发成果纳入国家发展规划；②成功修订墙改基金使用办法，不仅大大增加项目配套资金力度，而且为未来节能砖与农村节能建筑大规模推广应用开辟了可持续的资金渠道；③增加了节能建筑示范推广工程建设数量，提高了工程建设质量；④使农村节能建筑推广应用纳入地方政府规划与行动，极大地加速了农村节能建筑市场化发展的速度。

（6）国家标准化委员会与技术监督局：通过与标准化委员会及地方技术监督部门的合作，项目不仅在技术标准、规范、应用规程的开发制定方面收获大大超出项目文件初期设计，还上升到国家和地方标准，而且提高了标准的宣传贯彻与执法力度，使节能砖推广复制的数量与规模、节能砖与农村节能建筑的市场发育程度大大超出预期。

（7）中国建材联合会：项目与中国建材联合会建立了战略性合作伙伴关系，一方面，将项目成果纳入了国家"一带一路"倡仪，另一方面，为未来与建材联合会一道，进一步开发合作项目，开辟了道路。

（8）南南合作：通过与 UNDP 国家办公室及区域办公室的合作，项目与非洲、中亚、南亚、东南亚及太平洋国家建立了广泛的联系，为项目成果未来在广大发展中国家复制推广和开发进一步的合作项目打下了基础。

实践证明，整合资源全面推动是项目成功实施的重要举措，项目统筹协调多部门、多领域和多学科，与相关部门长期合作，充分发挥了各方优势，调动了墙改系统和砖瓦行业的优势资源，促进了节能建筑在中国农村地区的推广应用，也保证了项目活动的顺利开展、项目成果的高质量实现，以及可持续的 GEF 干预机制的建立。

附录 A 节能砖产品砌筑工法

烧结多孔砖和多孔砌块砌筑工法

1 术语和定义

1.1 烧结多孔砖

经焙烧而成，孔洞率大于或等于 28％，孔的尺寸小而数量多的砖。主要用于承重部位。

1.2 烧结多孔砌块

经焙烧而成，孔洞率大于或等于 33％，孔的尺寸小而数量多的砌块。主要用于承重部位。

2 技术准备

2.1 认真熟悉图纸，核实门窗位置及洞口尺寸，明确预埋、预留位置。

2.2 根据现场施工条件，完成工程测量控制点的定位、移交、复核工作。

2.3 编制工程的材料、机具、劳动力和需求计划。

2.4 完成进场材料的见证取样检验及砌筑砂浆的试配工作。

2.5 组织施工人员进行技术、质量、安全、环保交底。

3 材料与设备

3.1 材料

3.1.1 烧结多孔砖和多孔砌块产品性能应符合产品标准的要求，产品进场时应提交有效期内的型式检验报告及产品合格证，并进行现场见证抽样检验，合格后方可使用（包括以下主要指标）。

（1）尺寸允许偏差

尺寸允许偏差应符合表 1 的规定。

表 1　尺寸允许偏差

单位为毫米

尺寸	样本平均偏差	样本极差≤
>400	±3.0	10.0
300~400	±2.5	9.0
200~300	±2.5	8.0
100~200	±2.0	7.0
<100	±1.5	6.0

（2）外观质量

砖和砌块的外观质量应符合表 2 的规定。

表 2　外观质量

单位为毫米

项　　目	指标
1. 完整面不得少于	一条面和一顶面
2. 缺棱掉角的三个破坏尺寸不得同时大于	30
3. 裂纹长度	
a）大面（有孔面）上深入孔壁 15 毫米以上宽度方向及其延伸到条面的长度不大于	80
b）大面（有孔面）上深入孔壁 15 毫米以上长度方向及其延伸到顶面的长度不大于	100
c）条顶面上的水平裂纹不大于	100
4. 杂质在砖或砌块面上造成的凸出高度不大于	5

注：凡有下列缺陷之一者，不能称为完整面：

（1）缺损在条面或顶面上造成的破坏面尺寸同时大于 20 毫米×30 毫米；

（2）条面或顶面在裂纹宽度大于 1 毫米，其长度超过 70 毫米；

（3）压陷、焦花、粘底在条面或顶面上的凹陷或凸出超过 2 毫米，区域最大投影尺寸同时大于 20 毫米×30 毫米。

（3）密度等级

密度等级应符合表 3 的规定。

表3 密度等级

单位为千克/米³

密度等级		3块砖或砌块干燥表观密度平均值
砖	砌块	
—	900	≤900
1 000	1 000	900～1 000
1 100	1 100	1 000～1 100
1 200	1 200	1 100～1 200
1 300	—	1 200～1 300

（4）强度等级

强度应符合表4的规定。

表4 强度等级

单位为兆帕

强度等级	抗压强度平均值 $\overline{f}\geqslant$	强度标准值 $f_k\geqslant$
MU30	30.0	22.0
MU25	25.0	18.0
MU20	20.0	14.0
MU15	15.0	10.0
MU10	10.0	6.5

（5）孔型、孔结构及孔洞率

孔型、孔结构及孔洞率应符合表5的规定。

表5 孔型孔结构及孔洞率

孔型	孔洞尺寸（毫米）		最小外壁厚（毫米）	最小肋厚（毫米）	孔洞率（%）		孔洞排列
	孔宽度尺寸B	孔长度尺寸L			砖	砌块	
矩形条孔或矩形孔	≤13	≤40	≥12	≥5	≥28	≥33	1. 所有孔宽应相等，孔采用单向或双向交错排列；2. 孔洞排列上下、左右应对称，分布均匀，手抓孔的长度方向尺寸必须平行于砖的条面

注：（1）矩形孔的孔长L、孔宽B满足式L≥3B时，为矩形条孔；（2）孔四个角应做成过渡圆角，不得做成直尖角；（3）如设有砌筑砂浆槽，则砌筑砂浆槽不计算在孔洞率内；（4）规格大的砖和砌块应设置手抓孔，手抓孔尺寸为30～40（毫米）×75～85（毫米）。

（6）泛霜

每块砖或砌块不允许出现严重泛霜。

（7）石灰爆裂

a. 破坏尺寸大于 2 毫米且小于或等于 15 毫米的爆裂区域，每组砖和砌块不得多于 15 处。其中大于 10 毫米的不得多于 7 处。

b. 不允许出现破坏尺寸大于 15 毫米的爆裂区域。

（8）抗风化性能

a. 风化区的划分见《烧结多孔砖与烧结多孔砌块》GB 13544—2011。

b. 严重风化区中的 1.2.3.4.5 地区的砖、砌块和其他地区以淤泥、固体废弃物为主要原料生产的砖和砌块必须进行冻融试验；其他地区以黏土、粉煤灰、页岩、煤矸石为主要原料生产的砖和砌块的抗风化性能符合表 6 规定时可不做冻融试验，否则必须进行冻融试验。

表 6　抗风化性能

种类	项目地							
	严重风化区				非严重风化区			
	5 小时沸煮吸收率		饱和系数		5 小时沸煮吸收率		饱和系数	
	平均值	单块最大值	平均值	单块最大值	平均值	单块最大值	平均值	单块最大值
黏土砖和砌块	≤21%	≤23%	≤0.85	≤0.87	≤23%	≤25%	≤0.88	≤0.90
粉煤灰砖和砌块	≤23%	≤25%			≤30%	≤32%		
页岩砖和砌块	≤16%	≤18%	≤0.74	≤0.77	≤18%	≤20%	≤0.78	≤0.80
煤矸石砖和砌块	≤19%	≤21%			≤21%	≤23%		

注：粉煤灰掺入量（质量比）小于 30% 时按黏土砖和砌块规定判定。

c. 15 次冻融循环试验后，每块砖和砌块不允许出现裂纹。分层、掉皮、缺棱掉角等冻坏现象。

（9）产品中不允许有欠火砖（砌块）、酥砖（砌块）

（10）放射性核素限量

砖和砌块的放射性核素限量应符合 GB 6566 的规定。

3.1.2　水泥应按品种、等级、出厂日期分别堆放并保持干燥。当水泥出厂日期超过三个月时，应经试验合格后方可使用。

3.1.3　砂浆的强度等级必须符合设计要求，提供砂浆试块试验报告。

3.1.4　预埋木砖刷防腐剂，墙体拉结钢筋及预制埋件加工制作等。

3.2 设备

搅拌机、垂直运输设备、砌筑吊机、铺浆器、水平仪、水平尺、手提切割机、手推车、人字梯、磅秤、大铲、刨锛、瓦刀、托线板、线坠、小白线、卷尺、皮数杆、小水桶、灰槽、砖夹子、笤帚等。

4 作业条件

4.1 弹好轴线、墙身线、门窗洞口位置线，经验线符合设计图纸和施工规范要求办理验收手续。基础墙或楼面清扫干净，洒水温润。砂浆由试验室做好试配，准备好试模。

4.2 按设计标高立好皮数杆，皮数杆的间距以 15～20 米为宜。

4.3 施工现场安全防护设施通过安全员的验收。

4.4 脚手架应随砌随搭设，运输通道畅通，各类机具准备就绪。

4.5 现场各项管理制度健全，专业技术人员和特殊工种人员必须持证上岗，并进行了技术、安全交底。

4.6 班组已进场，并要求中高级工不少于 70%，并应具有同类工程的施工经验。

5 施工

5.1 一般规定

5.1.1 烧结多孔砖和多孔砌块砌体工程施工现场应具有必要的施工技术标准、健全的质量、安全管理体系和工程质量检验制度。

5.1.2 砌筑基础前，应校核放线尺寸，允许偏差应符合表 7 的规定。

表 7　放线尺寸的允许偏差

长度 L、宽度 B（米）	允许偏差（毫米）	长度 L、宽度 B（米）	允许偏差（毫米）
L（或 B）≤30	±5	60<L（或 B）≤90	±15
30<L（或 B）≤60	±10	L（或 B）>90	±20

5.1.3 砌筑顺序应符合下列规定：

（1）基底标高不同时，应从低处砌起，并应由高处向低处搭砌。当设计无要求时，搭接长度不应小于基础扩大部分的高度；

（2）砌体的转角处和交接处应同时砌筑。当不能同时砌筑时，应按规定留槎、接槎。

5.1.4 在墙上留置临时施工洞口，其侧边离交接处墙面不应小于

500 毫米，洞口净宽度不应超过 1 000 毫米，应设置钢筋混凝土过梁。洞口两侧按临时间断处规定设置拉结钢筋。抗震设防烈度为 9 度的地区建筑物的临时施工洞口位置，应会同设计单位确定。临时施工洞口应做好补砌。

5.1.5 不得在下列墙体或部位设置脚手眼：

（1）120 毫米厚墙和独立柱；

（2）过梁上与梁成 60°角的三角形范围及过梁净跨度 1/2 的高度范围内；

（3）宽度小于 1 000 毫米的窗间墙；

（4）砌体门窗洞口两侧 200 毫米和转角处 450 毫米范围内；

（5）梁或梁垫下及其左右 500 毫米范围内；

（6）设计不允许设置脚手眼的部位。

5.1.6 施工脚手眼补砌时，灰缝应填满砂浆，不得用干砖填塞。

5.1.7 设计要求的洞口、管道、沟槽应于砌筑时正确留出或预埋，未经设计同意不得打凿墙体和在墙体上开凿水平沟槽。

5.1.8 尚未施工楼板或屋面的墙或柱，当可能遇到大风时，其允许自由高度不得超过表 8 的规定。如超过表中限值时，必须采用临时支撑等有效措施。

表 8　墙和柱的允许自由高度

墙（柱）厚（毫米）	砌体密度＞1 600 千克/米³			砌体密度 1 300～1 600 千克/米³		
	风荷载（千牛/米²）			风荷载（千牛/米²）		
	0.3（约 7 级风）	0.4（约 8 级风）	0.5（约 9 级风）	0.3（约 7 级风）	0.4（约 8 级风）	0.5（约 9 级风）
190	—			1.4	1.1	0.7
240	2.8	2.1	1.4	2.2	1.7	1.1
370	5.2	3.9	2.6	4.2	3.2	2.1
490	8.6	6.5	4.3	7.0	5.2	3.5
620	14.0	10.5	7.0	11.4	8.6	5.7

注：（1）本表适用于施工处相对标高（H）在 10 米范围内的情况。如 10 米＜H≤15 米，15 米＜H≤20 米时，表中的允许自由高度应分别乘以 0.9、0.8 的系数；如 H＞20 米时，应通过抗倾覆验算确定其允许自由高度。（2）当所砌筑的墙有横墙或其他结构与其连接，而且间距小于表列限值的 2 倍时，砌筑高度可不受本表的限制。

5.1.9 搁置预制梁、板的砌体顶面应找平，安装时应坐浆。当设计无具体要求时，应采用1∶2.5的水泥砂浆。

5.1.10 设置在潮湿环境或有化学侵蚀性介质的环境中的砌体灰缝内的钢筋应采取防腐措施。

5.1.11 砌体施工质量控制等级应分为三级，并应符合表9的规定。

表9　砌体施工质量控制等级

项目	施工质量控制等级		
	A	B	C
现场质量管理	制度健全，且严格执行；非施工方质量监督人员经常到现场，或现场设有常驻代表；施工方有在岗专业技术管理人员，人员齐全并持证上岗	制度基本健全，且能执行；非施工方质量监督人员间断地到现场进行质量控制；施工方有在岗专业技术管理人员并持证上岗	有制度；非施工方质量监督人员很少作现场质量控制；施工方有在岗专业技术管理人员
砂浆、混凝土强度	试件按规定制作，强度满足验收规定，离散性小	试件按规定制作，强度满足验收规定，离散性小	试件强度满足验收规定，离散性大
砂浆拌合方式	机械拌合；配合比计量控制严格	机械拌合；配合比计量控制一般	机械或人工拌合；配合比计量控制较差
砌筑工人	中级工以上，其中高级工不少于20%	高、中级工不少于70%	初级工以上

5.1.12 有冻胀环境条件的地区，地面以下或防潮层以下的砌体，不宜采用多孔砖和多孔砌块。

5.1.13 砌筑砌体时，应提前1～2天浇水湿润，砌筑时砖和砌块的含水率宜在10%～15%。

5.1.14 砌砖工程当采用铺浆法砌筑时，铺浆长度不得超过750毫米；施工期间气温超过30℃时，铺浆长度不得超过500毫米。使用铺浆器时单次铺浆长度为1～2米。

5.1.15 240毫米厚承重墙的每层墙的最上一皮砖，砌体的台阶水平面上及挑出层，应整砖丁砌。

5.1.16 砌体砌平拱过梁的灰缝应砌成楔形缝。灰缝的宽度，在过梁的底面不应小于5毫米；在过梁的顶面不应大于15毫米。拱脚下面应伸入墙内不小于20毫米，拱底应有1%的起拱。

5.1.17 砌体过梁底部的模板，应在灰缝砂浆强度不低于设计强度

50%时，方可拆除。

5.1.18 烧结多孔砖和多孔砌块的孔洞应垂直于受压面砌筑。

5.1.19 竖向灰缝不得出现透明缝、瞎缝和假缝。

5.1.20 砌体施工临时间断处补砌时，必须将接槎处表面清理干净，浇水湿润，并填实砂浆，保持灰缝平直。

5.1.21 砌体施工时，楼面和屋面堆载不得超过楼板的允许荷载值。施工层进料口楼板下，宜采取临时支撑措施。

5.1.22 砌体每日砌筑高度控制在 1.8 米以下，雨天施工控制在 1.2 米以下。

5.1.23 砌体施工质量控制等级应符合设计要求。

5.2 工艺流程

清理基层──→定位放线──→立皮数杆──→调整拉结钢筋──→有防水要求的墙根砼坎施工──→电管登高、挂下安装、临时固定──→砌块排列──→拌制砂浆──→砌筑──→安装专业配合──→门窗过梁施工──→浇筑砼构造柱、圈梁──→顶部斜砌顶紧──→验收。

5.3 操作工艺

5.3.1 砌筑清水墙、柱，应选边角整齐、色泽均匀的多孔砖或多孔砌块。

5.3.2 砌筑时，多孔砖和砌块的孔洞应垂直于受压面，砌体上下错缝、内外搭砌，宜采用全顺、一顺一丁或梅花丁的砌筑形式，砖柱不得采用包心砌法。砌体底部 3 皮多孔砖的孔洞用水泥砂浆灌实。

5.3.3 砌体灰缝应横平竖直。水平灰缝厚度和竖向灰缝宽度宜为 10 毫米，不应小于 8 毫米，也不应大于 12 毫米。灰缝砂浆应饱满。水平灰缝的砂浆饱满度不得低于 80%，竖向灰缝宜采用加浆填灌的方法，使其砂浆饱满，严禁用水冲浆灌缝。

5.3.4 对抗震设防地区砌体应采用一铲灰、一块砖、一揉压的"三一"砌砖法砌筑。对非地震区可采用铺浆法砌筑，铺浆长度不得超过 750 毫米；当施工期间最高气温高于 30℃铺浆长度不得超过 500 毫米。使用铺浆器时单次铺浆长度为 1～2 米。

5.3.5 砌体的转角和交接处应同时砌筑，对不能同时砌筑的而又必须留置的临时间断处，砌成斜搓，如图 1 所示。斜梯水平投影长度不应小于高度的 2/3。临时间断处的高度差，不得超过一步脚手架的高度。

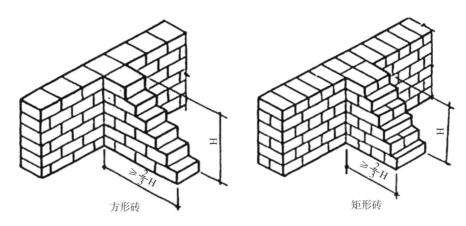

方形砖   矩形砖

图1　转角和交接做法

5.3.6　砌体接槎时，必须将接槎处表而清理干净，浇水湿润并填实砂浆，保持灰缝平直。

5.3.7　端面勾缝应横平竖直，深浅一至，搭接平顺。勾缝时，应采用加浆勾缝并宜采用细砂拌制的1：1.5水泥砂浆。当勾缝为凹缝时，缝的深度值为3～4毫米。内墙也可用原浆勾缝，但必须随砌随勾并使灰缝光滑密实。

5.3.8　设置构造柱的墙体应先砌墙后浇混凝土。构造柱应有外露面。浇灌混凝土构造柱前，必须将砌体和模板浇水湿润并将模板内的落地灰、矿渣等清除干净。

5.3.9　构造柱混凝土分段浇灌时，在新老混凝土接槎处应先用水冲洗、湿润，再铺10～20毫米厚的水泥砂浆（用原混凝土配合比去掉石子），方可继续浇灌混凝土。浇筑混凝土构造柱时，宜采用插入式振动棒。振动时不应直接触碰到砖墙。

5.3.10　门洞口砌筑、女儿墙砌筑、砖墙中留沟槽及埋设管道、砌体外墙面抹灰挂钢丝网片等施工应符合相应规定。

6　质量控制

6.1　基本要求

6.1.1　烧结多孔砖和多孔砌块砌体符合国家现行标准《建筑工程施工质量验收统一标准》GB 50300—2013和《砌体结构工程施工质量验收规范》GB 50203—2011的要求。

6.1.2　烧结多孔砖和多孔砌块的尺寸偏差、外观质量、密度等级、强度等级、孔型孔结构及孔洞率、泛霜、石灰爆裂、抗风化性能、放射性核素限量等指标均应符合《烧结多孔砖和多孔砌块》GB 13544—2011 和《墙体材料应用统一技术规范》GB 50574—2010 的质量要求，核查产品质量合格证、出厂检验报告、型式检验报告及见证取样送检报告。

6.1.3　砂浆的质量应符合《预拌砂浆》GB/T 25181—2010 和《干混砂浆生产工艺与应用技术规范》JC/T 2089—2011 技术要求。

6.1.4　应对下列部位及内容进行隐蔽工程验收，并应有详细的文字记录和必要的图像资料：

（1）沉降缝、伸缩缝和防震缝；

（2）砌体中的预埋（后置）拉结筋、网片以及预埋；

（3）构造柱、边框、水平系梁、过梁、压顶等；

（4）热桥部位保温层附着的基层及表面处理，保温材料的厚度，保温材料的黏结或固定，锚固件的固定及间距，增强网的铺设；

（5）烧结多孔砖砖和多孔砌块砌体与热桥部位保温材料相接处的构造节点；

（6）其他隐蔽项目。

6.1.5　检查验收时，应检查下列文件和资料：

（1）设计文件、图纸会审记录、设计变更和节能专项审查文件；

（2）各项隐蔽验收记录和相关图像资料；

（3）检验批、分项工程验收记录；

（4）施工记录；

（5）质量问题处理记录；

（6）其他有关文件和资料。

6.2　主控项目

6.2.1　砖和砌块、砂浆的强度等级必须符合设计要求。

抽检数量：每一生产厂家的砖和砌块到现场后，按多孔砖和多孔砌块 5 万块为一验收批，抽检数量为 1 组。砂浆试块的抽检数量执行《砌体结构工程施工质量验收规范》GB 50203—2011 规范有关规定。

检验方法：检查砖和砂浆试块试验报告。

6.2.2　砌体水平灰缝的砂浆饱满度（除孔洞外）不得小于 80%。

抽检数量：每检验批抽查不应少于 5 处。

检验方法：用百格网检查砖底面与砂浆的黏结痕迹面积。每处检测 3

块砖，取其平均值。

6.2.3 砌体的转角处和交接处应同时砌筑，严禁无可靠措施的内外墙分砌施工。对不能同时砌筑而又必须留置的临时间断处应砌成斜槎，斜槎水平投影长度不应小于高度的 2/3。

抽检数量：每检验批抽 20％ 接槎，且不应少于 5 处。

检验方法：观察检查。

6.2.4 非抗震设防及抗震设防烈度为 6 度、7 度地区的临时间断处，当不能留斜槎时，除转角处外，可留直槎，但直槎必须做成凸槎。留直槎处应加设拉结钢筋，拉结钢筋的数量为每 120 毫米墙厚放置 2 根 $\varphi6$ 拉结钢筋，间距沿墙高不应超过 500 毫米；埋入长度从留槎处算起每边均不应小于 500 毫米，对抗震设防度 6 度、7 度的地区，不应小于 1 000 毫米；末端应有 90°弯钩（图 2）。

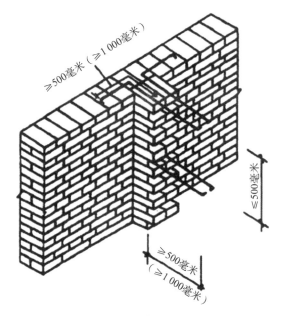

图 2　拉结钢筋示意图

抽检数量：每检验批抽 20％ 接槎，且不应少于 5 处。

检验方法：观察和尺量检查。

合格标准：留槎正确，拉结钢筋设置数量、直径正确，竖向间距偏差不超过 100 毫米，留置长度基本符合规定。

6.2.5 砌体的位置及垂直度允许偏差应符合表 10 的规定。

表 10 砖砌体的位置及垂直度允许偏差

项次	项目			允许偏差 （毫米）	检验方法
1	轴线位置偏移			10	用经纬度和尺检查或用其他测量仪器检测
2	垂直度	每层		5	用 2 米托线板检查
		全高	≤10 米	10	用经纬仪、吊线和尺检查，或用其他测量仪器检查
			>10 米	20	

抽检数量：轴线查全部承重墙柱；外墙垂直度全高查阳角，不应少于 4 处，每层每 20 米查一处；内墙按有代表性的自然间抽 10%，但不应少于 3 间，每间不应少于 2 处，柱不少于 5 根。

6.3 一般项目

6.3.1 砌体组砌方法应正确，上下错缝，内外搭砌，砖柱不得采用包心砌法。

抽检数量：外墙每 20 米抽查一处，每处 3～5 米，且不应少于 3 处；内墙按有代表性的自然间抽 10%，且不应少于 3 间。

检验方法：观察检查。

合格标准：除符合本条要求外，清水墙、窗间墙无通缝；混水墙中长度大于或等于 300 毫米的通缝每间不超过 3 处，且不得位于同一面墙体上。

6.3.2 砌体的灰缝应横平竖直，厚薄均匀。水平灰缝厚度宜为 10 毫米，不应小于 8 毫米，也不应大于 12 毫米。

抽检数量：每步脚手架施工的砌体，每 20 米抽查 1 处。

检验方法：用尺量 10 皮砖砌体高度折算。

6.3.3 砌体的一般尺寸允许偏差应符合表 11 的规定。

表 11 砌体一般尺寸允许偏差

项次	项目		允许偏差 （毫米）	检查方法	
1	基础顶面和楼面标高		±15	用水平仪和尺检查	不应少于 5 处
2	表面	清水墙、柱	5	用 2 米靠尺和楔形塞尺检查	有代表性自然间 10%，但不应少于 3 间，每间不小于 2 处
3	平整度	混水墙、柱	8		少于 2 处
4	门窗洞口高、宽 （后塞口）		±5	尺量检查	检验批洞口的 10%，且不应少于 5 处

（续）

项次	项目		允许偏差 （毫米）		检查方法
5	外墙上下窗口偏移		20	以底层窗口为准，用经纬仪或吊线检查	检验批的10%，且不应少于5处
6	水平灰缝 垂直度	清水墙	7	拉10米线和尺量检	有代表性自然间10%，但不少于3间，每间不应少于2处
		混水墙	10		
7	清水墙面游丁走缝		20	吊线和尺量检查，以每层第一度砖为准	有代表性自然间10%，但不应少于3间，每间不应少于2处

6.3.4 预埋拉筋的数量、长度均符合设计要求和施工规范的规定，留置间距偏差不超过一皮砖。

6.3.5 砌体接槎处灰浆应密实，缝、砖平直，每处接槎部位水平灰缝厚度小于5毫米或透亮的缺陷不超过5个。

6.3.6 构造柱留置正确，大马牙槎先退后进、上下顺直，残留砂浆清理干净。

7 安全和环保措施

7.1 在操作之前必须检查操作环境是否符合安全要求，道路是否畅通，机具是否完好牢固，安全技术实施和防护用品是否齐全，经检查符合要求后方可施工。

7.2 多孔砖和多孔砌块在运输、装卸过程中，严禁倾倒和抛掷。经验收的多孔砖和多孔砌块，应分类堆放整齐，散队不宜超过2米，用打包机的按安全要求规定堆放。

7.3 墙体拉结筋，抗震构造柱钢筋，大模板混凝土墙体钢筋及各种预埋件、暖卫、电气管线等，均应注意保护，不得任意拆改或损坏。

7.4 在吊放平台脚手架或安装大模板时，指挥人员和吊车司机要认真指挥和操作，防止碰撞刚砌好的砖墙。

7.5 墙身砌体高度超过地坪1.2米以上时，应搭设脚手架。在一层以上或高度超过4米时，采用里脚手架必须支搭安全网；采用外脚手架应设护身栏杆和挡脚板后方可砌筑。

7.6 脚手架上堆料量不得超过规定荷载，堆砖高度不得超过3皮侧砖，同一块脚手板上的操作人员不应超过1人。不准站在墙顶上做划线、刮缝及清扫端面或检查大角垂直等工作。

7.7 砌体相邻工作段的高度差，不得超过一层楼的高度，也不宜高于 3.6 米，工作段的分段位置，宜设在伸缩缝、沉降缝、防震缝构造柱或门窗洞口处。

7.8 现场实行封闭化施工，控制噪声、扬尘、废物排放。

7.9 砂浆稠度应适宜，砌墙时应防止砂浆溅脏墙面。

7.10 在井架进料口周围，应用塑料薄膜或木板等遮盖，保持墙面洁净。

8 施工注意事项及冬期施工

8.1 施工注意事项

8.1.1 立皮杆要保证标高一致，盘角时灰缝要掌握均匀，砌砖时小线要拉紧，防止一层线松一层线紧，出现灰缝大小不匀。

8.1.2 方形多孔砖和多孔砌块一般采用全顺砌法，多孔砖和多孔砌块中手抓孔应平行于墙面，上下皮垂直灰缝，相互错开半砖长。

8.1.3 矩形多孔砖和多孔砌块宜采用一顺一丁或梅花的砌筑形式，上下皮垂直灰缝相互错开 1/4 砖长。

8.1.4 多孔砖和多孔砌块墙的转角处，应加砌配砖（半砖），配砖位于砖墙外角。

8.1.5 方形多孔砖和多孔砌块的交接处，应隔皮加砌配砖（半砖），配砖位于墙交接处的外侧。

8.1.6 砌筑完成基础或每一楼层后，应校核砌体的轴线和标高，当偏差超出允许的范围时，其偏差应在基础顶面或圈梁顶面上校正。标高偏差宜通过调整上部灰缝厚度逐步校正。

8.1.7 搁置预制板的墙顶面应找平，并应在安装时坐浆。

8.1.8 门窗洞口的预埋木砖、铁件等应采用与多孔砖和多孔砌块横截面一致的规格。

8.1.9 砖和砌块的柱和宽度小于 1 米的窗墙，应选用整砖砌筑。半砖应分散使用在受力较小的砌体或墙心。

8.2 冬期施工要求

8.2.1 基土无冻胀性时，基础可在冻结的地基上砌筑；基土有冻胀性时，应在未冻的地基上砌筑。在施工期间和回填土前，均应防止地基遭受冻结。

8.2.2 多孔砖和多孔砌块在气温高于 0℃ 条件下砌筑时，应浇水湿润。在气温低于或等于 0℃ 条件下砌筑时，可不浇水，但必须增大砂浆稠度。抗震设防烈度为 9 度的建筑物，多孔砖和多孔砌块无法浇水湿润时，如无特殊措施，不得砌筑。

8.2.3 采用暖棚法施工，块材在砌筑时的温度不应低于 5℃，距离所砌的结构面 0.5 米处的棚内温度也不应低于 5℃。

8.2.4 在暖棚内的砌体养护时间，应根据暖棚内温度，按表 12 确定。

表 12　暖棚法砌体的养护时间

暖棚的温度（℃）	5	10	15	20
养护时间（天）	≥6	≥5	≥4	≥3

8.2.5 在冻结法施工的解冻期间，应经常观测和检查，如发现裂缝、不均匀下沉等情况，应立即采取加固措施。

8.2.6 冬期施工砂浆要求，见《砌筑砂浆》内相关内容。

烧结保温砖和保温砌块砌筑工法

1　术语和定义

1.1　烧结保温砖

外形多为直角六面体，经焙烧而成主要用于建筑物围护结果保温隔热的砖。

1.2　烧结保温砌块

外形多为直角六面体，也有各种异型的，经焙烧而成主要用于建筑物围护结构保温隔热的砌块，砌块系列中主规格的长度、宽带或高度有一项或一项以上分别大于 365 毫米、240 毫米或 115 毫米。但高度不大于长度或宽度的六倍，长度不超过高度的三倍。

2　技术准备

2.1　根据图纸设计、规范、标准图集以及工程特点等，及时编制砌体工程施工方案或砌体工程作业指导书和工程材料、机具、劳动力的需求计划。

2.2　完成进场材料的见证取样，复核工作。

2.3 施工前组织施工人员进行安全、技术质量、环境保护等技术交底工作。

3 材料与设备

3.1 材料

3.1.1 烧结保温砖和保温砌块产品性能应符合产品标准的要求，产品进场时应提交有效期内的型式检验报告及产品合格证，并进行现场见证抽样检验，合格后方可使用（包括以下主要指标）。

（1）尺寸偏差

尺寸偏差应符合表 1 的规定。

表 1 尺寸偏差

单位为毫米

尺 寸	A 类		B 类	
	样本平均偏差	样本极差≤	样本平均偏差	样本极差≤
＞300	±2.5	5.0	±3.0	7.0
＞200～300	±2.0	4.0	±2.5	6.0
100～200	±1.5	3.0	±2.0	5.0
＜100	±1.5	2.0	±1.7	4.0

（2）外观质量

外观质量应符合表 2 的规定。

表 2 外观质量

单位为毫米

序号	项目	技术指标
1	弯曲	≤4
2	缺棱掉角的三个破坏尺寸	不得同时＞30
3	垂直度差	≤4
4	未贯穿裂纹长度	
	①大面上宽度方向及其延伸到条面的长度	≤100
	②大面上长度方向或条面上水平面方向的长度	≤120
5	贯穿裂纹长度	
	①大面上宽度方向及其延伸到条面的长度	≤40
	②壁、肋沿长度方向、宽度方向及其水平面方向的长度	≤40
6	肋、壁内残缺长度	≤40

（3）强度等级

强度应符合表3的规定。

表3 强度等级

单位为兆帕

| 强度等级 | 抗压强度 | | | 密度等级范围（千克/米³） |
| | 抗压强度平均值 $\overline{f}\geqslant$ | 变异系数 $\delta\leqslant0.21$ | 变异系数 $\delta>0.21$ | |
		强度标准值 $f_k\geqslant$	单块最小抗压强度值 $f_{min}\geqslant$	
MU15.0	15.0	10.0	12.0	
MU10.0	10.0	7.0	8.0	$\leqslant1\,000$
MU7.5	7.5	5.0	5.8	
MU5.0	5.0	3.5	4.0	
MU3.5	3.5	2.5	2.8	$\leqslant800$

（4）密度等级

应符合表4的规定。

表4 密度等级

单位为千克/米³

密度等级	5块密度平均值
700	$\leqslant700$
800	$701\sim800$
900	$801\sim900$
1 000	$901\sim1\,000$

（5）泛霜

每块砖和砌块不允许出现中等泛霜。

（6）石灰爆裂

每组砖和砌块应符合下列规定：

a. 最大破坏尺寸大于2毫米且小于或等于10毫米的爆裂区域，每组砖和砌块不得多于15处；

b. 不允许出现最大破坏尺寸大于10毫米的爆裂区域。

（7）吸水量

每组砖和砌块的吸水率平均值应符合表5的规定。

表5 吸水率

分 类	吸水量（%）
NB（黏土保温砌块），YB（页岩保温砌块），MB（煤矸石保温砌块）	≤20.0
FB（粉煤灰保温砌块），YNB（淤泥保温砌块），QGB（固废保温砌块）	≤24.0

注：（1）粉煤灰掺入量（体积比）小于30%时，不得按FB规定判定。（2）加入成孔材料形成微孔的钻和砌块，吸水率不受限制。

（8）抗风化性能

a. 风化区的划分见《烧结保温砖和保温砌块》GB 26538—2011。

b. 严重风化区中的1、2、3、4、5地区及淤泥、其他固体废弃物为主要原料或加入成孔材料形成微孔的砖和砌块应进行冻融试验，其他地区砖和砌块的抗风化性能符合表6规定时可不做冻融试验，否则应进行冻融试验。

表6 抗风化性能

分 类	饱和系数（%）			
	严重风化区		非严重风化区	
	平均值	单块最大值	平均值	单块最大值
NB	≤0.85	≤0.87	≤0.88	≤0.90
FB				
YB	≤0.74	≤0.77	≤0.78	≤0.80
MB				

c. 抗冻性应符合表7的规定。

表7 抗冻性

使用条件	抗冻指标	质量损失率（%）	冻融试验后每块砖或砌块
夏热冬暖地区	D15		①不允许出现分层、掉皮、缺棱掉角等冻坏现象 ②冻后裂纹长度不大于表2中4、5项的规定
夏热冬冷地区	D25	≤5	
寒冷地区	D35		
严寒地区	D50		

（9）传热系数

传热系数应符合表8的规定。

表8 传热系数等级

单位为瓦/（米²·开）

传热系数等级	单层试样传热系数 K 值的实测值范围
2.00	1.51～2.00
1.50	1.36～1.50
1.35	1.01～1.35
1.00	0.91～1.00
0.90	0.81～0.90
0.80	0.71～0.80
0.70	0.61～0.70
0.60	0.51～0.60
0.50	0.41～0.50
0.40	0.31～0.40

（10）放射性核素限量

放射性核素限量应符合 GB 6566 的规定。

（11）欠火砖、酥砖

产品中不允许有欠火砖、酥砖。

3.1.2 砂浆

（1）专用干混砂浆为用袋装或散装罐装运输的成品砂浆，本产品无毒、无味、无污染，属非危险品，可按一般货物运输。贮存在阴凉干燥环境中，避免雨淋、受潮，保质期 12 个月。包装规格：25～40 千克/袋。施工性能见表9。

表9 砌块专用砂浆施工性能表

检测项目	检测期限	标准技术要求
拉伸黏结强度	7 天	≥2.5 兆帕
抗压强度	7 天	≥15 兆帕
抗折强度	7 天	＞7 兆帕
凝结时间	—	4～8 小时
保水性	—	≥86％
抗渗性	—	≥0.8 兆帕

（续）

检测项目	检测期限	标准技术要求
收缩性	—	≤1.0 毫米/米
导热系数	—	≤0.40 瓦/米·开

（2）使用方法：

a. 按照粉料∶水＝1∶0.25～0.28 的水灰比计算好所需清水量；

b. 将专用砂浆徐徐加入水中，边加入边搅拌至均匀，现场根据施工习惯可适当调整水灰比，以便使稠度适宜；

c. 28 天抗压强度（兆帕）分 MU5，MU7.5，MU10，MU15 四个等级，符合相应的强度等级。

（3）凡在砂浆中掺入有机塑化剂、早强剂、缓凝剂、防冻剂等，应经检验和试配符合要求后，方可使用。

（4）每一检验批且不超过 250 米³ 砌体的各种类型及强度等级的砌筑砂浆，每台搅拌机应至少抽检一次。

3.1.3 其他辅助材料

（1）热镀锌金属网格宜不大于 20 毫米×20 毫米，金属网的丝径不应小于 0.9 毫米。

（2）耐碱玻璃纤维网格布的主要技术指标，除符合《耐碱玻璃纤维网格布》JC/T 841—2007 的要求外，还应符合表 10 的要求。

表 10 耐碱玻璃纤维网格布的主要技术指标

项　　目	技术指标	测　试　方　法
单位面积质量	≥130 克/米²	参照《外墙外保温工程技术规程》JGJ 144
耐碱断裂强力（经、纬向）	≥750 牛/50 毫米	
耐碱断裂强力保留率（经、纬向）	≥50%	

（3）安装门窗用的锚栓、建筑密封胶、发泡结构胶等材料的质量应符合相关产品标准要求。

（4）水：使用自来水或天然洁净可供饮用的水，不得使用雨水和工业废水拌制砂浆。

3.2 设备

3.2.1 本工法每一作业班组所的机具设备（表 11）

表 11　设备工具名称规格型号

序号	工具名称	规格型号	备注	序号	工具名称	规格型号	备注
	测量、放线工具			5	铺浆器	BJ 370A、B	
1	钢卷尺	3米、5米、10米		6	电钻、开槽机		自制
2	人字梯	2米高		7	大铲、抹子		
3	墨斗			8	平头铁铲	2P	
4	靠尺	2米		9	灰桶、灰槽		拌料
5	水平仪	DS3		10	扫把		钢制
6	水平尺	50厘米		11	脚手架	工具式或 门式脚手架	
7	吊线锤	0.5千克		12	分配电箱	三级箱	
	安装机械、工具				场吊运现砌块机具		
1	台床式切割机	ZDQ-700		1	垂直运输设备	塔吊、施工电梯	
2	手提切割机	C-750		2	砌块成垛搬运砖车		自制
3	小型砂浆搅拌机	UJZ-15、HX-15		3	托盘	1.0×1.0（米）	
4	手提砂浆搅拌器			4	吊索吊具		

4　作业条件

4.1　砌体砌筑前，必须对上道工序进行验收，办好工序交接手续。

4.2　将基层清理干净，放好砌体墙身轴线及边线，门窗洞口及构件位置线。

4.3　准备好操作架子和卸料脚手架及平台。宜选用工具式或门式脚手架。

4.4　各种机械设备经试运转正常，用电设备按三相五线制配置。

5　施工

5.1　选择烧结保温砖和保温砌块

烧结保温砖和烧结保温砌块几何尺寸规整，挑选时主要进行外观检查，如表面有贯通裂纹或者运输中有碰伤超过一排孔掉角者可将其损坏部分切割去除，无缺陷部分作为非整块的辅助砌块上墙，清水墙体砌块还要检查颜色，色差大的不准上墙。

5.2　墙底找平层

砌墙前应将基层清理干净，按设计标高用1∶3水泥砂浆找平，当找平层厚度＞30毫米时，用 C20 细石混凝土找平，找平层用铝合金刮杠刮平，铁抹子压光，平整度≤3毫米。

5.3　烧结保温砖和保温砌块的浇水

砖和砌块为竖向贯通密孔薄壁构造，专用砂浆保水性能好，常温下施工砖和砌块可不浇水。当环境温度＞25℃或砌块表面有积灰时可喷水润湿，但不宜过多，可根据气温情况具体确定掌握，气温低于 5℃时不用浇水。

5.4　调制砂浆

砂浆应采用小型砂浆拌合机或拌合器拌制，搅拌砂浆时只需添加清洁水，不必添加其他任何材料。搅拌时先加水后加干混砂浆，砂浆应搅拌均匀，随拌随用，一次拌制量不宜太多，一般稠度在 60～80 毫米为宜，呈稀糊状，砂浆配料不可太多，以初凝 3 小时前用完为好，当气温超过25℃时，应在 2 小时内用完。

5.5　烧结保温砖和保温砌块的排列

各型号的烧结保温砖和烧结保温砌块有一种主规格和沿长度方向的半块，没有高度方向的半块和长度方向的七分头等非整块辅助砖和砌块，所有宽、高方向不符合模数的非整块尺寸的砖和砌块均应采用专用设备在砌块生产厂或现场切割出。由于砖和砌块排列直接影响砌体的整体性，因此在施工前应按以下原则、方法及要求进行砖和砌块排列。

5.5.1　砌体在砌筑前根据工程设计施工图，结合砖和砌块规格，绘制砌体的排列图并按图排砌。

5.5.2　砌体排列时应尽量采用主规格，每层（皮）段（切割）非整块的辅助砌块不应超过两块（层），上、下皮砌块应错缝搭砌，一般搭砌长度为 1/2 砌块长度，每两皮砌块为一个循环。在墙体的高度（垂直）方向排砖要事先计算，可采用精细法砌筑的砌块，灰缝厚度仅 2 毫米，无法用灰缝调节标高皮数，可在 20～60 毫米厚找平层和 60～120 毫米厚的现浇拉结带尺寸范围内调节，尽量在高度和水平方向少切割砌块。

5.5.3　设计预留的洞口、镶嵌式配电箱、消防箱，墙体内设构造柱、现浇带、门窗过梁及抱框等部位亦应在施工前预排块，合理确定排列方案。

5.6　铺砂浆与砌筑

5.6.1　可采用 2 毫米灰缝精细砌筑施工。水平灰缝采用专用工具或蘸浆法铺设 2 毫米的专用砌筑砂浆，灰缝厚度控制在 2 毫米，但不小于 1 毫米，也不应大于 3 毫米。水平灰缝的浆料饱满度不应低于 90％。竖向缝采用互锁顶紧法施工。

5.6.2 将搅拌好的砂浆，用灰车运至砌筑地点，并按砌筑顺序及所需量倒运在灰槽或灰斗内，用大铲或专用铺浆器铺浆。

5.6.3 主砖和砌块排列应半砖错缝搭砌。

5.6.4 外墙转角及纵横墙交接处，应分皮咬槎，交错搭砌。如果不能咬槎时应按设计要求采取构造措施。墙体转角处于丁字墙应同时砌筑，临时间断处应砌成斜槎，斜槎水平投影长度不应小于其高度的2/3。

5.6.5 砌体的垂直缝应与门窗洞口的侧边线相互错开，不得同缝，错开间距应大于80毫米，且不得采用其他砖镶砌。

5.6.6 在弹好线的找平层上拉线砌筑，应从外墙转角或定位处开始。内外墙同时砌筑，第一皮砌筑时若找平层砂浆未干硬，砖和砌块可直接座砌在找平层上。砌体之间的垂直缝不挂浆，榫槽贴紧咬接互锁即可。门窗洞口两侧切割后的砌块与框架柱、剪力墙界面的垂直缝应在砌块上采用加浆法或挤浆法使其饱满，灰缝宽（厚）10～20毫米。

5.6.7 第二皮以上的砌筑可采用蘸浆法砌筑，即用两手抱住砖和砌块或抓住手抓孔提起在灰桶内将砌块底面满蘸砂浆后，放砌到墙上。砖和砌块要跟线砌筑，不到位处用皮榔头敲打校正，不得用铁锤或硬器敲砸以免打碎砌块。

5.6.8 钢筋混凝土现浇带砌块面上，应用铺浆器铺无纺砌布以防砂浆漏入下层砌块空洞内影响砌体的保温性能。砌布铺好后在布上均匀铺抹一层1～2毫米砂浆，摆放好砖和砌块，用大铲将两侧灰缝挤出的多余砂浆刮去。

5.6.9 墙体砌至框架梁板底最后收口的一皮砖和砌块时应留有15～30毫米左右的缝隙，小于整砖和砌块高度时可用专用切割机水平切割砌块补足空缺。待墙体沉降完成后用干硬性砂浆填实缝隙。

5.6.10 砌筑一定要跟线，上跟线，下跟棱，左右相邻要对平。同时应随时进行检查，做到随砌随查随纠正，以免返工。

5.6.11 在砌体与框架混凝土界面以及砌体墙面开孔开槽处，应用抗裂网格布粘贴以防止墙体粉刷层产生裂纹。

5.6.12 门窗洞口两侧非整块保温砖和砌块，易将榫槽面向门窗框，无榫槽的切割面包括咬槎砌筑的大角等榫槽不能咬接的垂直灰缝，应挂浆砌筑。

5.7 厕浴间有防水要求的建筑楼地面，房间的楼板四周除门洞外应做混凝土翻边，高度不应小于300毫米，宽同墙厚，混凝土强度等级不小于C20。

5.8　填充外墙砌筑时，砖和砌块外皮一般应挑（突）出框架梁柱、剪力墙、构造柱、现浇带、门窗过梁及抱框柱等容易产生冷（热）桥的部位60毫米（具体挑出尺寸按单体工程设计），以留出其部位做外保温的厚度（图1、图2）。墙面与混凝土接触处搭接铺抗裂耐碱网格布，每边250毫米。网格布应压在抹灰层中间。

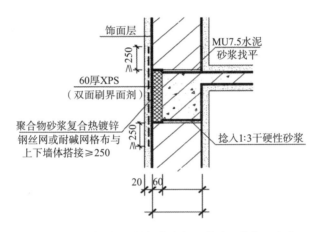

图1　外墙外露混凝土梁板节点保温做法（单位：毫米）

图2　照片图

5.9　砌体作为填充墙应为后砌，但墙中构造柱、门窗抱框柱则应先砌墙后浇筑，因砖和砌块竖向砌筑面设有凹凸的榫槽，可免设马牙槎。

5.10　填充墙砌筑，高度应注意满足有关规范、规程的高厚比要求。

5.11 配件固定与管线敷设

5.11.1 墙体中的暗敷管线开槽时，应先在其位置弹好墨线，再用手提切割机（或专门的开槽机开槽），用凿子沿开缝处轻轻将槽踢出。

5.11.2 在敷设管线后，应尽快用专用砂浆填塞管线槽，填塞高度略比墙面凹2～3毫米为宜，然后用黏结剂沿槽长粘贴增强玻璃纤维网格布。网格布的宽度以200毫米为宜，粘贴时以线槽的两边边线为准向外各延伸100毫米。

5.11.3 墙面装饰后吊挂物件，不得用铁钉或射钉直接砸入，单点吊挂件小于600千牛时，采用不带冲击的电钻钻孔，拧入Φ4～Φ6膨胀螺栓吊挂，大于600千牛时，应在砌筑时埋入铁件或混凝土埋件。小于300千牛的挂件，可在墙上钻Φ30孔打入木楔用木螺丝固定。

5.11.4 外墙面采用（干挂）幕墙饰面时，应在混凝土框架梁、柱、构造柱和现浇带内按设计要求预埋铁件，预埋铁件与幕墙主龙骨应可靠连接。

5.12 劳动组织

根据工程具体情况组织专业队伍进行施工，每个专业队伍可分为若干个班组，每个班组宜为10～15人组成，班组共用一台切割机、铺浆器和小型搅拌机，其中应配有机械工一名、技工6～10名、普工3～5名（表12）。

表12 劳动力计划

序号	工 种	人 数	工 作 内 容
1	放线工	2名	墙位、洞口放线、标高控制
2	砌块切割工	1～2名	局部不合模数砌块切割
3	技 工	5～10名	墙体砌筑
4	辅助工	3名	搬运、配料
5	水、电工	1名	负责预留及现场临时用电
6	管理人员	1名	现场协调
7	合 计	14～19人	—

6 质量控制

6.1 基本要求

6.1.1 使用烧结保温砖和保温砌块的砌体应符合国家现行标准《建

筑工程施工质量验收统一标准》GB 50300—2013、《砌体结构工程施工质量验收规范》GB 50203—2011 和《建筑节能工程施工质量验收规范》GB 50411—2007 的要求。

6.1.2　烧结保温砖和保温砌块的尺寸偏差、外观质量、强度等级、密度等级、吸水量、泛霜、石灰爆裂、抗风化、传热系数、放射性核素限量等指标均应符合《烧结保温砖和保温砌块》GB 26538—2011 和《墙体材料应用统一技术规范》GB 50574—2010 的质量要求，核查产品质量合格证、出厂检验报告、型式检验报告及见证取样送检报告。

6.1.3　砂浆的质量应符合《预拌砂浆》GB/T 25181—2010 和《干混砂浆生产工艺与应用技术规范》JC/T 2089—2011 技术要求。

6.1.4　应对下列部位及内容进行隐蔽工程验收，并应有详细的文字记录和必要的图像资料：

（1）沉降缝、伸缩缝和防震缝。

（2）砌体中的预埋（后置）拉结筋、网片以及预埋件。

（3）构造柱、边框、水平系梁、过梁、压顶等。

（4）热桥部位保温层附着的基层及表面处理；保温材料的厚度；保温材料的黏结或固定；锚固件的固定及间距；增强网的铺设。

（5）烧结保温砖和保温砌块砌体与热桥部位保温材料相接处的构造节点。

（6）其他隐蔽项目。

6.1.5　检查验收时，应检查下列文件和资料：

（1）设计文件、图纸会审记录、设计变更和节能专项审查文件。

（2）各项隐蔽验收记录和相关图像资料。

（3）检验批、分项工程验收记录。

（4）施工记录。

（5）质量问题处理记录。

（6）其他有关文件和资料。

6.2　主控项目

6.2.1　砖和砌块以 1 万块为一验收批，不足 1 万块按一批计，砖和砌块在施工前应按规定进行尺寸偏差、外观质量、强度等项目的检验。

检验方法：按《烧结保温砖和保温砌块》GB 26538—2011。

6.2.2　砖和砌块、砌筑砂浆的强度等级应符合设计要求。

检验方法：检查砖和砌块的产品合格证书、产品性能检测报告和砂浆试块检验报告。

6.2.3 砖和砌块填充墙墙体应与主体结构可靠连接，其连接构造应符合设计要求，未经设计同意，不得随意改变连接结构方法。每一填充墙与柱和现钢筋混凝土浇拉结带的位置间距应符合设计要求。

检验方法：观察，尺量，查看隐蔽记录。

6.3 一般项目

6.3.1 砌体尺寸的允许偏差应符合表 13 的规定。

抽检数量：

（1）对表中 1、2 项，在检验批的标准间中随机抽查 10％且不应少于 3 间；大面积房间和楼道按 2 个轴线或每 10 延长米为一个标准间计算，每间检验不应少于 3 处。

（2）对表中 3、4 项，在检验批中抽检 10％，且不应少于 5 处。

表 13 砌体一般尺寸允许偏差

项次	项　　目		允许偏差（毫米）	检验方法
	轴线位移		5	用尺检查
1	垂直度	≤3 米	3	用 2 米托线板或吊线，尺检查
		>3 米	4	
2	表面平整度		4	用 2 米靠尺和楔形塞尺检查
3	门窗洞口高、宽（后塞口）		±5	用尺检查
4	外墙上、下窗口偏移		20	用经纬仪或吊线检查

6.3.2 砌体的砂浆饱满度及检验方法应符合表 14 的规定。

抽检数量：每步架不少于 3 处，且每处不应少于 3 块。

表 14 砌体的砂浆饱满度及检验方法

名　　称	灰缝	饱满度及要求	检验方法
砌块砌体	水平	≥90％	采用百格网检查块材底面砂浆的黏结痕迹面积
	竖向	榫槽咬接	

6.3.3 砌体中的水平现浇拉结带、构造柱位置留置正确，几何尺寸符合设计要求。

检查方法：观察和用尺量检查。

6.3.4 砌体砌筑时应错缝搭砌，竖向通缝不应大于 2 皮。

抽检数量：在检验批的标准间中抽查 10％，且不应少于 3 间。

检查方法：观察和用尺量检查。

6.3.5　砌体灰缝的厚度应符合 5.6 要求；与混凝土框架柱、剪力墙交接的竖向灰缝不应出现瞎缝、透明缝。

抽检数量：在检验批的标准间中抽查 10％，且不应少于 3 间。

检查方法：观察及用尺量，以 5 皮砌块的高度或 2 米砌体长度折算。

6.3.6　砌体砌至接近梁、板底时，应留 15～30 毫米空隙，待砌体沉实（约需一周）后用 1：3 干硬性水泥砂浆塞满填实。抗震设防 7 度及以下时，内墙可采用侧斜砖顶紧做法；其他情况则应采用膨胀螺栓、预埋筋或固定件连接方式；填充墙与框架柱、混凝土墙之间的竖向缝隙可用专用砌筑砂浆（顶紧砌筑时）或 MU2.5 水泥砂浆（排块形成的较大缝隙处）灌填。

抽检数量：每验收批抽 10％填充墙面（每两柱间的填充墙为一墙面），且不应少于 3 面墙。

检验方法：观察检查。

7　安全措施

7.1　严格按《建筑安装工程安全技术规程》《建筑施工安全检查标准》JGJ 59 及上级主管部门颁布的各项安全文件规定组织施工。

7.2　进入现场必须戴好安全帽，扣好帽口，并正确使用个人劳动防护用品。

7.3　砌筑前应进行安全技术交底，使操作人员清楚地认识到该工程应注意的危险源，并加以防范。

7.4　砖和砌块切割作业，人员应戴防护口罩，以防粉尘进入人体。

7.5　砖和砌块采用托盘打包码放搬运，现场堆放场地应平整，堆放高度不宜超过二垛。成垛搬运时用于垂直运输的施工电梯、塔吊、上料平台等，必须满足负荷要求，牢固可靠，吊运时不得超载，并需经常检查，发现问题及时修理。

7.6　砌体应采用工具式内脚手架砌筑，脚手架搭设高度，每步步距宜为 1～1.3 米，脚手架上堆料重量不得超过规定荷载，砖和砌块的堆放高度不得超过两层，同一块脚手板上的操作人员不超过二人。不得用砖和砌块作为砌筑用脚手架的支腿。

7.7　楼层施工时，堆放机具、砖和砌块等物品不得超过使用荷载。

不准站在墙顶上做划线、刮缝及清扫墙面或检查大角垂直等工作。

7.8 工人在楼层内用手推搬运车转运砖和砌块时，转角处应防止小车夹手。

8 环保措施

8.1 施工过程中严格遵守国家和地方政府下发的有关环境保护的法律、法规和规章，严格执行《建筑工程施工现场环境与卫生标准》JGJ 146等规范的绿色施工要求，遵守有关防火及废弃物处理的规章制度。

8.2 砖和砌块应带水切割，现场集中切割时应搭设封闭式防护棚，防止切割砌块产生扬尘。

8.3 黏结砂浆、混凝土等严格按需用数量进行配制，并做好多余材料的回收利用工作。

8.4 现场材料按照规格、使用部位堆放整齐，并标识清楚。

8.5 噪声的控制：切割砌块的切割机加罩；施工人员尽量避免大声喧哗；在市区夜间不得施工扰民。砌筑施工时，应采取措施消除或减轻噪声、污水排放。

8.6 切割砖和砌块污水须经过沉淀池过滤后排入市政排污管网。

8.7 每天应做到工完场清，施工层的碎砖和碎砌块及时清理到指定位置。

复合保温砖和复合保温砌块砌筑工法

1 术语和定义

1.1 复合保温砌块
由烧结或非烧结的砌块类墙体材料为受力块体，与绝热材料复合，形成具有明显保温隔热功能的新型块材产品。

1.2 复合保温砖
由烧结或非烧结的多孔（空心）砖为受力块体，与绝热材料复合，形成具有明显保温隔热功能的新型块体产品。

1.3 受力块体
产品使用中主要承受墙体轴向应力的块体部分。

2　技术准备

2.1　根据图纸设计、规范、标准图集以及工程特点等，及时编制砌体工程施工方案或砌体工程作业指导书和工程材料、机具、劳动力的需求计划。

2.2　完成进场材料的见证取样，复核工作。

2.3　施工前组织施工人员进行安全、技术质量、环境保护等技术交底工作。

3　材料与设备

3.1　材料

3.1.1　复合保温砖和复合保温砌块产品性能应符合产品标准的要求，产品进场时应提交有效期内的型式检验报告及产品合格证，并进行现场见证抽样检验，合格后方可使用，包括以下主要指标：

（1）受力块体

满足标准 GB/T 29060—2012 规定外，复合保温砖和复合保温砌块的受力块体的强度、外观质量、尺寸偏差、耐候性能，应分别满足受力块体所归属对应的国家（或行业）产品标准的要求。

（2）外观质量

a. 绝热材料裸露面的缺损，表面任意方向之最大值不得大于 20 毫米，最大下凹缺陷深度不应大于 10 毫米。裂纹延伸的投影尺寸不应大于裂纹延伸方向的产品公称尺寸的 1/3。

b. 夹芯符合保温砌块（或砖）（Ⅱ）的实心片状外叶块（护壁材料）的缺损，其三个方向投降尺寸之最大值应不大于 10 毫米，目测可见裂纹的延伸投影尺寸不应大于 20 毫米。

（3）尺寸允许偏差

a. 产品外形实际尺寸与公称尺寸之间的差值，应符合表 1 的规定。

表 1　产品外形尺寸允许偏差

单位为毫米

分类标记	产品名称	长	宽（墙厚方向）	高
SBR	烧结复合保温砖	±3	±2	±3
CBR	混凝土复合保温砖	±2	±2	±2
QBR	轻集料混凝土复合保温砖			
TBR	蒸压硅酸盐复合保温砖			

（续）

分类标记	产品名称	长	宽（墙厚方向）	高
SBL	烧结复合保温砌块	±3	±3	±3
CBL	混凝土复合保温砌块	±3	±3	±3
QBL	轻集料混凝土复合保温砌块			
TBR	蒸压硅酸盐复合保温砌块			
GBL	石膏复合保温砌块	±2	±2	±2

注：（1）孔洞内的绝热材料凸出、超出产品的公称尺寸要求，只要满足（3）e要求，允许偏差可不受此限制。（2）产品若经过二次加工，块材宽的允许偏差可以超出本表的限值。

b. 夹芯复合保温砖（或砌块）（Ⅱ）的主块型，同一块体上的内叶块和外叶块之间的长度和高度偏差应不大于2毫米。

c. 夹芯复合保温砖（或砌块）（Ⅱ）的外叶块（护壁材料）最小厚度值应不小于20毫米。

d. 芯复合保温砌块（或砖）（Ⅱ）的绝热材料层有效厚度，允许偏差应不大于2毫米。

e. 绝热材料凸出受力块体时，绝热材料的长度和高度应不大于内，外叶块的公称长度和高度与砌筑灰缝公称厚度之和。

（4）表观密度

复合保温砌块（或砖）的密度等级应符合表2的规定。

表2 密度等级

单位为千克/米³

密度等级	密度范围
1 500	≥1 410～≤1 500
1 400	≥1 310～≤1 400
1 300	≥1 210～≤1 300
1 200	≥1 110～≤1 200
1 100	≥1 010～≤1 100
1 000	≥910～≤1 000
900	≥810～≤900
800	≥710～≤800
700	≤700

（5）强度

a. 除石膏复合保温砌块（GBL）外，复合保温砌块（或砖）的强度等级用受力块体的强度值标记。受力块材的强度应满足表3的规定。

表 3 强度等级

单位为兆帕

强度等级	适用产品的分类	抗压强度	
		平均值	单块最小值
MU3.5	QBL，CBL，SBL	≥3.5	≥2.8
MU5.0	SBR，CBR，QBR，QBL，CBL，SBL	≥5.0	≥4.0
MU7.5	SBR，CBR，QBR，TBR，QBL，CBL，SBL	≥7.5	≥6.0
MU10.0	SBR，CBR，QBR，TBR，QBL，CBL，SBL，TBR	≥10.0	≥8.0
MU15.0	SBR，CBR，QBR，TBR，QBL，CBL，SBL，TBR	≥15.0	≥12.0
MU20.0	SBR，CBR，TBR，CBL，SBL，TBR	≥20.0	≥16.0

b. 石膏复合保温砌块（GBL）的受力块体的断裂荷载不应小于2 000牛。

c. 除石膏复合保温砌块（GBL）外，贴面复合保温砌块（或砖）（Ⅲ）的受力块体（护壁材料）厚度小于50毫米时，强度等级采用抗折强度值，平均值应不小于2.0兆帕，单块最小值应不小于1.6兆帕。

d. 夹芯型复合保温砌块（或砖）（Ⅱ）的护壁材料厚度小于50毫米时，其抗折强度平均值应不小于1.0兆帕，单块最小值应不小于0.8兆帕。

e. 夹芯和贴面型复合保温砌块（或砖）在块体厚度方向的连接强度，应不小于10兆帕。

（6）传热系数 K 值

产品标识的传热系数 K 值，应符合表4的规定。

表 4 传热系数 K 值标记

单位为瓦/（米²·开）

传热系数 K 值标记值	传热系数 K 值实测值	传热系数 K 值标记值	传热系数 K 值实测值
1.20	≤1.20	0.45	≤0.45
1.10	≤1.10	0.42	≤0.42
1.00	≤1.00	0.40	≤0.40
0.90	≤0.90	0.38	≤0.38

（续）

传热系数 K 值标记值	传热系数 K 值实测值	传热系数 K 值标记值	传热系数 K 值实测值
0.80	≤0.80	0.36	≤0.36
0.75	≤0.75	0.34	≤0.34
0.70	≤0.70	0.32	≤0.32
0.65	≤0.65	0.30	≤0.30
0.60	≤0.60	0.28	≤0.28
0.57	≤0.57	0.26	≤0.26
0.54	≤0.54	0.24	≤0.24
0.51	≤0.51	0.22	≤0.22
0.48	≤0.48	0.20	≤0.20

（7）抗渗性

带装饰面的复合保温砌块（或砖），装饰面层的抗渗性应符合 JC/T 641—2008 的规定。

（8）抗冻性

除烧结材料和石膏材料外，贴面复合保温砌块（或砖）（Ⅲ）厚度小于 50 毫米的受力块体、夹芯复合保温砌块（或砖）（Ⅱ）厚度小于 50 毫米的护壁材料，其抗冻性应满足表 5 的规定。

表 5　厚度小于 50 毫米的片状块材的抗冻性

使用条件	抗冻指标	质量损失率	抗折强度损失率
夏热冬暖地区	D15		
夏热冬冷地区	D25	平均≤10%	平均≤25%
寒冷地区	D35	单块最小值≤20%	单块最小值≤40%
严寒地区	D35		

3.1.2　砌筑砂浆及抹灰砂浆应满足国家现行相关标准的规定。砌筑砂浆宜用预拌干混砌筑砂浆，采用机械搅拌，按照《预拌砂浆应用技术规程》JGJ/T 223—2010 施工。

3.1.3　热桥部位保温材料的性能应符合设计要求，产品进场时应提交有效期内的型式检验报告及产品合格证，并进行现场见证抽样检验，合格后方可使用。

3.2 设备

搅拌机、垂直运输设备、砌筑吊机、铺浆器、水平仪、水平尺、手提切割机、手推车、人字梯、磅秤、大铲、刨锛、瓦刀、托线板、线坠、小白线、卷尺、皮数杆、小水桶、灰槽、砖夹子、笤帚等。

4 作业条件

4.1 砌筑前，必须对上道工序进行验收，办好工序交接手续。

4.2 将基层清理干净，放好砌体墙身轴线及边线，门窗洞口及构件位置线。

4.3 准备好操作架子和卸料脚手架及平台。宜选用工具式或门式脚手架。

4.4 各种机械设备经试运转正常，用电设备按三相五线制配置。

5 施工

5.1 一般规定

5.1.1 本节涉及的复合保温砖和复合保温砌块均为烧结类的复合保温砖和复合保温砌块。

5.1.2 复合保温砖和砌块在运输装卸过程中，严禁倾倒和抛掷，掉角、破损的砖和砌块不应集中使用。进场后应按型号、等级等分别堆放整齐，堆置注意安全。

5.1.3 复合保温砖和砌块在常温条件下，应提前 1~2 天浇水湿润。砌筑时砖和砌块的含水率宜控制在 10%~15%，严禁干砖上墙。

5.1.4 复合保温砖和砌块砌体灰缝应横平竖直，水平灰缝厚度和竖向灰缝宽度宜为 10 毫米，不应小于 8 毫米，也不应大于 12 毫米。

5.1.5 砌体灰缝砂浆应饱满，水平灰缝的砂浆饱满度不得低于 90%，竖向灰缝不得出现透明缝、瞎缝、假缝和通缝，严禁用水冲浆灌缝。

5.1.6 砌筑砌体时，复合保温砖和复合保温砌块的孔洞应水平砌筑，对宽度和高度相同的复合保温砖和复合保温砌块必须按砌筑标识进行砌筑。

5.1.7 设置构造柱的墙体应先砌墙，后浇混凝土。

5.1.8 填充墙砌至接近梁、板底时，应留一定空隙，待填充墙砌筑完并应至少间隔 7 天后，按设计要求进行后塞口施工。

5.2 技术要求

5.2.1 施工前应根据墙体及其门洞、窗洞的尺寸，结合砖和砌块的规格与上下皮竖向灰缝错缝搭砌长度的要求绘编砌块排列图，砌块组砌合理，减少配块使用。

5.2.2 砌筑应采用咬砌法，搭砌长度不少于砌块全长的 1/3。砌体灰缝应横平竖直，厚度应控制在 8～12 毫米范围内，饱满度不宜低于 90%。每块砌筑后应立即清理灰缝。

5.2.3 砌筑时应先砌筑与立柱相邻的砌块，收口应设置在跨中，每皮收口应相互错开。

5.2.4 砌筑接近梁、板底时，应留空隙。补砌应至少间隔 15 天，用小规格砖补砌、斜砌挤紧，其倾斜角度宜为 60°；补砌的外立面与梁齐平（宜作保温处理）。补砌时，砌筑砂浆应饱满。

5.2.5 门窗洞采用钢筋混凝土框，两侧应保证平直。门窗框（辅框）必须牢固地固定在钢筋混凝土上，门窗框（辅框）与混凝土间的空隙，应用密封嵌缝材料嵌缝后再用砂浆抹平。

5.2.6 墙体孔洞的处理应符合下列规定：

（1）在墙上留置临时施工洞口，其侧边离交接处墙面不应小于 500 毫米，洞口净宽不应超过 1 000 毫米。应沿墙高度每隔 600 毫米在水平缝内预埋不少于 2 根 φ6 的钢筋，钢筋埋入长度从留槎处算起每边均不应小于 700 毫米。临时洞口补砌砌体和原砌体的空隙应用砂浆填实，墙面用增强网伸至洞口交接缝两侧各 150 毫米。

（2）砌体孔洞或孔槽周边应采用可靠的防裂、防渗措施。孔洞或孔槽间隙应用砂浆分层填实，孔洞应填充保温材料，并用抗裂砂浆和热镀锌电焊钢丝网加强，钢丝网伸至孔洞外各 100 毫米；孔槽应沿缝长方向用抗裂砂浆和热镀锌电焊钢丝网加强，钢丝网伸至孔槽两侧各 100 毫米。

（3）不得采用锤凿等方式在复合保温砖和复合保温砌块墙体留孔，可在砌筑砂浆达到设计强度后须用电钻限于一块砌块上钻孔。孔眼应在清空保温材料后采用聚合物水泥砂浆灌填。脚手孔、钢管临时穿墙、垂直运输设施附墙等孔洞应预设。

（4）堵塞孔洞后，应采用热桥保温处理方式修补墙面保温构造。

5.2.7 墙体标高偏差宜通过调整上部灰缝厚度逐步校正，当偏差超出允许范围时，承重墙体标高偏差应在基础顶面、圈梁或梁顶面上校正，填充墙标高偏差应在墙中部设混凝土腰带校正。

5.2.8　构造柱砖墙应砌成大马牙槎，从柱脚开始两侧都应先退后进，每一个马牙槎沿高度方向的尺寸不宜超过 400～600 毫米。拉结筋按设计要求放置。构造柱内的落地灰、砖渣杂物必须清理干净，防止混凝土内夹渣。

5.2.9　除设置构造柱的部位外，砌体的转角处和交接处应同时砌筑，对不能同时砌筑而又必须留置的临时间断处，应砌成斜槎，斜槎高不大于1.2 米。临时间断处的高度差，不得超过一步脚手架的高度。

5.2.10　砌体相邻工作段的高度差应满足国家现行标准的相关规定，工作段的分段位置宜设在伸缩缝、沉降缝、防震缝、构造柱处。

5.2.11　构造柱马牙槎及门窗框两侧端头处，复合保温砖和砌块在砌筑前应先用砂浆封堵，在门窗框两侧设置固定件处应用配砖砌筑，并参照标准图集进行处理。

5.2.12　热桥保温处理施工符合国家现行的相关标准要求。

5.2.13　复合保温砖和砌块墙体与框架柱、抗震墙交接处拉结钢筋应按设计要求砌入砌体水平灰缝，灰缝砂浆应饱满，有效地包裹拉结钢筋。

5.2.14　复合保温砖和砌块与混凝土墙、梁、柱、板等的交接处面层采用抗裂砂浆和增强网进行抗裂、防渗处理时，其施工按照《外墙外保温工程技术规程》JGJ 144 的相关要求进行。

5.2.15　墙体抹面和挂网应按《住宅装饰装修工程施工规范》GB 50327、《建筑涂饰工程施工及验收规程》JGJ/T 29 等标准要求进行。抹面砂浆宜用预拌干混抹面砂浆，采用机械搅拌，按照《预拌砂浆应用技术规程》JGJ/T 223 施工。

5.3　雨、冬期施工应采取相应的保证措施，并按《建筑工程冬季施工规程》JGJ/T 104 等标准的要求进行施工。

6　质量控制

6.1　一般规定

6.1.1　使用复合保温砖和复合保温砌块的砌体应符合国家现行标准《建筑工程施工质量验收统一标准》GB 50300—2013、《砌体结构工程施工质量验收规范》GB 50203—2011 和《建筑节能工程施工质量验收规范》GB 50411—2007 的要求。

6.1.2　复合保温砖和复合保温砌块的尺寸偏差、外观质量、强度、表观密度、传热系数、抗渗性、抗冻性等指标均应符合《复合保温砖和保温砌块》GB/T 29060—2012 和《墙体材料应用统一技术规范》GB 50574—2010 的质量要求，核查产品质量合格证、出厂检验报告、型式检验报告及见证取样送检报告。

6.1.3 砂浆的质量应符合《预拌砂浆》GB/T 25181—2010 和《干混砂浆生产工艺与应用技术规范》JC/T 2089—2011 技术要求。

6.1.4 应对下列部位及内容进行隐蔽工程验收，并应有详细的文字记录和必要的图像资料：

（1）沉降缝、伸缩缝和防震缝。

（2）砌体中的预埋（后置）拉结筋、网片以及预埋件。

（3）构造柱、边框、水平系梁、过梁、压顶等。

（4）热桥部位保温层附着的基层及表面处理；保温材料的厚度；保温材料的黏结或固定；锚固件的固定及间距；增强网的铺设。

（5）复合保温砖和砌块砌体与热桥部位保温材料相接处的构造节点。

（6）其他隐蔽项目。

6.1.5 检查验收时，应检查下列文件和资料：

（1）设计文件、图纸会审记录、设计变更和节能专项审查文件。

（2）各项隐蔽验收记录和相关图像资料。

（3）检验批、分项工程验收记录。

（4）施工记录。

（5）质量问题处理记录。

（6）其他有关文件和资料。

6.2 主控项目

6.2.1 复合保温砖和砌块及配套材料、热桥部位保温材料的品种、规格及性能应符合设计和相关标准的要求。

检验方法：观察、尺量检查；核查产品质量合格证、出厂检验报告及型式检验报告。

检查数量：按进场批次，每批随机抽取 3 个试样进行检查；质量证明文件应按其出厂检验批进行核查；型式检验报告按产品标准要求进行核查。

6.2.2 复合保温砖和砌块及配套材料、热桥部位保温材料进场时，应对其下列性能进行复检，复检应为见证取样送检，检验结果应符合产品标准及国家相关技术标准的要求：

（1）复合保温砖和砌块的密度、抗压强度。

（2）砌体部位砌筑砂浆的抗压强度，预拌砌筑砂浆的抗压强度及保水率，抹面砂浆的抗压强度及拉伸黏结强度，预拌抹面砂浆的抗压强度、拉伸黏结强度及保水率。

（3）热桥部位保温材料的密度、导热系数、抗压强度或压缩强度。

（4）热桥部位黏结材料的黏结强度。

（5）增强网的力学性能、抗腐蚀性能。

检验方法：随机抽样送检，检查复检报告。

检查数量：复合保温砖和砌块按 15 万块为一验收批，不足 15 万的按一个验收批计，抽检数量为一组。砌筑砂浆和抹面砂浆，同一厂家、同一品种、同一强度等级的砂浆试块应不少于 3 组。热桥部位保温材料、黏结材料、增强网的验收批，同一厂家、同一品种的产品应不少于 3 组。

6.2.3 复合保温砖和砌块、砌筑砂浆和抹面砂浆进入施工现场后，应在监理（建设）单位人员见证下抽取试样，送到有资质的检测机构，按设计要求及施工方案砌筑样板墙，检测其传热系数。

检查数量：同一厂家、同一品种的产品，抽样不少于 1 次。

6.2.4 复合保温砖和砌块砌体的水平灰缝饱满度不应低于 90%，竖向灰缝应填满砂浆，不得有透明缝、瞎缝、假缝。

检验方法：用百格网检查灰缝砂浆饱满度。

检查数量：每楼层的每个施工段至少抽查一次，每次抽查 5 处，每处不少于 3 块砖或 3 个砌块。

6.3 一般项目

6.3.1 进场复合保温砖和砌块的外观质量应符合产品标准要求。热桥部位保温材料的外观和包装应完整无破损，符合设计和产品标准的规定。

检验方法：观察检查。

检查数量：全数检查。

6.3.2 复合保温砖和砌块砌体一般尺寸的允许偏差应符合表 6 的规定：

（1）对表中 1、2 项，在检验批的标准间中随机抽查 10%，但不应少于 3 间；大面积房间和楼道按两个轴线或每 10 延长米按一标准间计数。每间检验不应少于 3 处。

（2）对表中 3、4 项，在检验批中抽检 10%，且不应少于 5 处。

表 6　复合保温砖和砌块砌体一般尺寸允许偏差

项次	项　目	允许偏差（毫米）	检验方法
	轴线位移	10	用尺检查
1	垂直度小于或等于 3 米	5	用 2 米托线板或吊线、尺检查
	垂直度大于 3 米	10	
2	表面平整度	8	用 2 米靠尺和楔形塞尺检查
3	门窗洞口高、宽（后塞口）	±5	用尺检查
4	外墙上、下窗口偏移	20	用经纬仪或吊线检查

6.3.3　复合保温砖和砌块墙体的拉结钢筋或网片的位置应与块体皮数相符合。拉结钢筋或网片应置于灰缝中，埋置长度及竖向间距应符合设计或标准图集要求。

检验方法：观察和用尺量检查。

检查数量：在检验批中抽检 20％，且不应少于 5 处。

6.3.4　复合保温砖和砌块砌筑时应错缝搭砌，竖向通缝不应大于 2 皮。

检验方法：观察和用尺量检查。

检查数量：在检验批的标准间中抽查 10％，且不应少于 3 间。

6.3.5　复合保温砖和砌块砌体的灰缝厚度和宽度应为 8～12 毫米。

检验方法：用尺量 5 皮砖或砌块的高度和 2 米砌体长度折算。

检查数量：在检验批的标准间中抽查 10％，且不应少于 3 间。

6.3.6　复合保温砖和砌块填充墙砌至接近梁、板底时，应留一定空隙，待填充墙砌筑完并应至少间隔 7 天后，按设计要求进行处理。

检验方法：观察检查。

检查数量：在检验批中抽 10％填充墙片（每两柱间的填充墙为一墙片），且不应少于 3 片墙。

6.3.7　施工产生的墙体缺陷，如穿墙套管、脚手眼、孔洞等，应按照施工方案采取隔断热桥措施，不得影响墙体热工性能。

检验方法：对照施工方案观察检查。

检查数量：全数检查。

7　安全措施

7.1　严格按《建筑安装工程安全技术规程》《建筑施工安全检查标准》JGJ 59 及上级主管部门颁布的各项安全文件规定组织施工。

7.2 进入现场，必须戴好安全帽，扣好帽口，并正确使用个人劳动防护用品。

7.3 砌筑前应进行安全技术交底，使操作人员清楚地认识到该工程应注意的危险源，并加以防范。

7.4 砖和砌块切割作业，人员应戴防护口罩，以防粉尘进入人体。

7.5 砖和砌块采用托盘打包码放搬运，现场堆放场地应平整，堆放高度不宜超过二垛。成垛搬运时用于垂直运输的施工电梯、塔吊、上料平台等，必须满足负荷要求，牢固可靠，吊运时不得超载，并需经常检查，发现问题及时修理。

7.6 砌体应采用工具式内脚手架砌筑，脚手架搭设高度，每步步距宜为1～1.3米，脚手架上堆料重量不得超过规定荷载，砖和砌块的堆放高度不得超过两层，同一块脚手板上的操作人员不超过两人。不得用砖和砌块作为砌筑用脚手架的支腿。

7.7 楼层施工时，堆放机具、砖和砌块等物品不得超过使用荷载。不准站在墙顶上做划线、刮缝及清扫墙面或检查大角垂直等工作。

7.8 工人在楼层内用手推搬运车转运砖和砌块时，转角处应防止小车夹手。

8 环保措施

8.1 施工过程中严格遵守国家和地方政府下发的有关环境保护的法律、法规和规章，严格执行《建筑工程施工现场环境与卫生标准》JGJ 146 等规范的绿色施工要求，遵守有关防火及废弃物处理的规章制度。

8.2 砖和砌块应带水切割，现场集中切割时应搭设封闭式防护棚，防止切割砖和砌块产生扬尘。

8.3 黏结砂浆、混凝土等严格按需用数量进行配制，并做好多余材料的回收利用工作。

8.4 现场材料按照规格、使用部位堆放整齐，并标识清楚。

8.5 噪声的控制：切割砖和砌块的切割机加罩；施工人员尽量避免大声喧哗；在市区夜间不得施工扰民。砌筑施工时，应采取措施消除或减轻噪声、污水排放。

8.6 切割砖和砌块的污水须经过沉淀池过滤后排入市政排污管网。

8.7 每天应做到工完场清，施工层的碎砖和碎砌块及时清理到指定位置。

附图：

主要设备

ZDQ-700大型台床式切割机用于厂内或施工现场集中切割

几种小型切割机用于砌筑工作面上的少量切割

手持切割机用于墙面开槽　　　　　　　开槽机用于墙面水电管线开槽

大铲　　　　　　　　　抹子　　　　　　　　　皮榔头

墨线　　　　　线锥　　　　　　灰盆

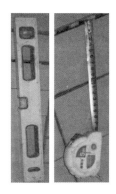

水平仪　　　　　　　水平尺　　　　　　　搅拌器

小型砂浆搅拌机

附录 B 联合国开发计划署委托第三方项目评估结果

2016 年联合国开发计划署（UNDP）委托第三方专家对项目进行了独立评估，从相关性、有效性、效率、国家所有权、主流化、可持续性和影响等方面进行了系统评价，并且提供了对总体结果、有效性、效率以及可持续性的评估等级。评估结果为"满意"。现摘录如下：

项 目 结 果

一、总体结果（达成目标）

MTEBRB 项目总体目标是，在中国农村制砖行业、农村民用及商业建筑行业实现温室气体减排和能效的提高。为了实现这一目标，开展了以下四个组成部分的活动：

A. 组成部分 1：信息传播与意识提升

B. 组成部分 2：政策制定与制度支撑

C. 组成部分 3：资金支持与改善融资

D. 组成部分 4：示范与技术支持

各组成部分的详细完成情况如下：

A. 组成部分 1：信息传播与意识提升

本部分旨在提升相关利益方的意识，有效获取相关信息，促进节能砖和节能建筑在中国农村地区的应用。

根据逻辑框架，通过以下产出实现成果 1：

• 产出 1.1：建立和运行信息传播网络

• 产出 1.2：制定和宣传全套多媒体产品

• 产出 1.3：完成项目宣传和推广

上述产出的主要相关活动和完成情况如下：

（1）信息传播网络：在 MTEBRB 项目下，指定两家机构开发和运营该网络。建立三个网站，且功能齐全。其中包括 MTEBRB 项目网站，以及节能砖和节能建筑信息网站。自网站推出以来，约有 11 万利益相关方

（1万目标的11倍）已经利用信息交流服务，通过该信息交流服务，每年建立了111个在线连接（目标为76个）。需要注意的是，大多数这些连接与参与项目利益相关方的内部访问相关。

（2）多媒体产品：实施MTEBRB期间，制定并传播了29个多媒体产品（目标5个）和4套CD并推广3 000份（目标2套CD，推广1 000份）；通过地方政府电视节目，制定并播放4个节能砖和节能建筑技术和项目成果宣传片。此外，针对不同观众开发了7种书籍和培训材料。这些书籍包括项目启动培训材料、金融培训材料、节能砖生产、农村节能建筑施工工法、项目管理和最佳实践、《农村节能建筑建设指南》、《节能砖生产和应用技术》。同时，在八个电视及广播节目（如中央人民广播电台，中央电视台，陕西电视台，浙江电视台，成都电视台，河北省秦皇岛电视台以及县级电视台（目标1）进行了播放。

（3）项目宣传与推广：在这项活动下，该项目覆盖了23个省、133个县和1 563个村庄（目标分别为10个、20个和100个）。此外，对示范和推广点进行了1 064次现场调研（目标500个），并进行了39次宣传及研讨和会议（目标6）。典型的活动包括展览、相关杂志上的出版物和宣传册，例如《砖瓦世界杂志》，印刷宣传材料如科普挂图、春联，以及通过电视、广播、网站和社区中心提高公众意识。多层次的宣传、推广和科普计划，使该项目向622万人传播项目信息，而原来的目标是100万人。

B. 组成部分2：政策制定与制度支持

本组成部分旨在通过相关政策制定与制度支持，在国内推广节能砖与节能建筑。根据逻辑框架，通过以下产出实现成果2：

• 产出2.1：制定节能建筑材料生产与利用的政策、实施标准

• 产出2.2：改善地方政府执行能力，落实行动计划

上述产出的主要相关活动和完成情况如下：

（1）制定节能砖与节能建筑标准及规范：在实施项目之前，中国农村地区没有节能砖和节能建筑标准和规范。这不仅阻碍了行业的进步，而且严重限制了节能砖和节能建筑的推广。为了解决这一障碍，项目办与中国建筑科学研究院和中国建筑材料监测与认证集团西安有限公司等知名研究机构合作，制定了一系列节能砖和节能建筑标准与规范。

刚开始，该项目只制定并发布国家标准及规范体系。然而，很快就意识到，如果没有产品应用规范，这些标准及规范缺乏有效性。因此，PMO与机构合作，按照制定的节能砖产品标准，与成都市墙改办和咸阳市墙改

办合作制定了产品应用规范。紧接着制定了《四川省烧结自保温砖和墙体隔热技术规范》《砌体结构 DP 型烧结多孔砖技术规范（陕西 DBJ61/T103—2015）》和《建筑施工 DP 型烧结多孔砖（陕西）图集》。此外，根据当地标准，中国砖瓦工业协会开发了采用烧结多孔砌块的技术规范。

（2）政策建议：为推动节能砖与农村节能建设市场转化，在国家和地方层面开展相关政策研究，提出相应的管理和技术政策建议。完成了节能砖和农村节能建筑政策的调查研究和评估，并起草了政策建议。在示范工作成功经验的基础上，对推动节能砖生产和农村节能建筑应用的政策性研究进行了分析，并提出了相关建议。

在项目实施期间，形成 10 项国家层面的政策建议（目标 1 项）和 125 项地方层面的政策建议（目标 10 项），并获得批准，农村节能建筑应用和节能砖生产纳入了当地的发展规划和行动。此外，在建筑材料生产的政策制定中，已经完成了 11 项政策研究（目标 1 个）。例如，农村绿色建筑政策和激励机制的宏观政策研究和建议书于 2015 年提交给财政部。根据中国节能建筑宏观政策调整情况，组织了自保温砖研讨会。另外，项目办还参与并推动了 11 项中国农村地区节能砖与节能建筑相关政策的制定和修订，将节能砖和节能建筑的一些建议纳入中国"十三五"规划纲要。在省级，节能砖和节能建筑发展报告已纳入地方政府行动计划，特别是部分地方政府将节能砖和农村节能建筑作为"美丽乡村"建设的指标。

总而言之，这个项目在政策制定和实施方面已经超出了预期。农村地区的节能，得益于有利的社会政治环境，特别是中国政府部门给予这一行业的重视以及地方政府的配合。

C. 组成部分 3：资金支持与改善融资

该组成部分由两部分组成：（1）完成并发布对节能砖制砖企业和农村节能建筑开发商的财务和会计评估；（2）为本地银行及金融机构制定和实施新的商业模式，以便其参与节能砖和节能建筑项目。在这些组成部分下，项目活动旨在解决节能砖生产和农村节能建筑应用缺乏的资金配套。

根据逻辑框架，通过以下产出实现成果 3：

• 产出 3.1：完成并发布对农村节能砖制造商和节能建筑开发商的财务和会计评估。

• 产出 3.2：为本地银行及金融机构制定和实施新的商业模式，以便其参与农村节能砖和节能建筑项目。

上述产出的主要相关活动和完成情况如下：

（1）财务培训：为提高农村制砖企业和开发商的融资能力，举办了三期培训班，培训了245名砖瓦制造商、金融机构和项目管理人员（目标200人）。

（2）财务政策：该项目已经开展研究，向政府各部门提出了政策建议，为农村节能砖和建筑行业的市场转化提供财政支持。最明显的是，2012年MTEBRB项目向财政部提交了向农村节能制砖和节能建筑提供财政补贴的建议。因此，财政部将农村节能墙体材料生产纳入政府财政税收优惠类别，并开始为生产节能砖提供税收优惠。通过墙改基金为项目活动提供支持，向主要机构提出了其他类似建议，其中包括中央办公厅、中央政策研究室、人大财政经济委员会、全国人大常务委员会、国务院研究室、国务院发展研究中心等政府部门。通过这些活动，撬动墙改基金纳入了MTEBRB项目。

（3）信息交流：为了促进节能砖与建筑行业和潜在的融资方之间的联系，该项目举办了一系列信息交流活动。其中包括制定10项财务和会计报告，并进行了11次信息交流（目标5次）和知识共享计划，涉及2800名地方财务人员（目标为100名）。这一部分活动的结果，该项目成功撬动了6.588亿元人民币（目标为5000万元）用于农村节能建筑和砖块生产。此外，该项目在一定程度上被纳入中央和地方政府的规划和活动的主流。

D. 组成部分4：示范与技术支持

该部分涉及三部分，包括农村节能建筑和节能砖的示范、生产，开发和宣传技术指南，以及节能砖和农村节能建筑应用的实施。在这部分下，该项目计划解决阻碍农村节能砖生产的技术障碍和设计问题及阻碍利用节能砖建设农村节能建筑的技术障碍。

根据逻辑框架，通过以下产出实现成果4：

• 产出4.1：完成农村节能建筑与节能砖生产示范

• 产出4.2：制定并宣传技术指南，促进节能砖和农村节能建筑应用

• 产出4.3：推广工程建设

上述产出的主要相关活动和完成情况如下：

（1）节能砖生产示范：该项目于2014年启动了节能评估，在三家示范砖厂开展评估调查，并于2014年9月发布了项目示范工厂基线调查评估报告和项目示范厂能源效率评估报告。项目结束时，已完成16个节能建筑与节能砖生产工程，其中9个示范砖厂和7个示范村。

（2）制定并宣传技术指南：在项目实施期间，制定了 19 项可行性研究报告（目标 17 个）。这些报告涵盖了节能砖生产技术和应用的调查和评估，节能建筑模式调查等。同时，PMO 编制了一系列培训材料和指南，如节能砖砌筑工法，示范与推广节能砖生产和节能建筑监测与评估方法论等。此外，PMO 制定了路线图，引导节能砖和节能建筑行业的发展，完成了关于国家和国际最佳实践报告 6 份（目标 2 份），已经完成农村节能建筑和节能砖生产的经验教训的总结；开展 1 项节能砖产品标准化可行性研究；建设了 1 个农村节能建筑数据库和报告，7 个信息传播方案（目标 1 个）；制定了 6 种节能砖生产和节能建筑发展的培训材料（目标 2 种），11 734 人次（目标 59 次）接受培训。

（3）制定并实施节能砖与节能建筑应用：该项目在 23 个省份实施了工程项目（计划 8 个）。中国政府部门的承诺和地方政府的积极参与显著增加推广工程（实际 255 个，计划 60 个）。该项目也超过了项目设计的建筑能效提升（实际 50%，计划 30%），实现了砖瓦生产企业节能改造的目标（20%）。

二、相关性

该项目的提出将有助于实现联合国千年发展目标（MDG），尤其是千年发展目标中的第一、第七和第八项，即有助于直接或间接消除极端贫困，提高国家或地区经济发展中的环境可持续性，改善经贸关系，建立全球发展伙伴关系。项目满足根据 GEF 战略第一条和第二条，即 MTEBRB 项目将通过一系列技术援助和能力建设活动减少农村制砖和建筑行业中的能源消耗。中国政府的"十二五"规划纲要（2011—2015）特别制定以下目标，专注于能源与气候变化：能源强度下降 16%（单位 GDP 能耗）；碳强度下降 17%（单位 GDP 碳排放）。

此外，联合国开发计划署驻华办事处能源与环境部门与全球环境基金的合作，已有协助中国政府部门在能源效率方面工作的传统，例如 BRESL 和 TVE 项目。

因此，项目的活动与中国政府部门、全球环境基金和联合国驻华系统等关键利益相关方的工作密切相关。

三、有效性与效益

MTEBRB 项目的效益作为资源利用的评估标准，包括时间、人员和资金。效益评估的关键方面包括联合国开发计划署执行伙伴执行和协调、适应管理、伙伴关系建立、监测和评估以及项目资金。

终评小组任务，UNDP 和项目办密切协调了项目的规划和实施。此外，与公共和私营部门的多个组织，包括政府机构、砖瓦制造商、行业协会、研究机构和学术机构等开展了广泛伙伴关系。利用这些合作伙伴关系，大多数项目活动都由分包商按时完成，并符合中国节能砖和农村节能建筑的需求。此外，项目的资金得到有效管理，项目在规定的预算范围内超额完成了关键目标，并且成功获得了中国政府部门和私营部门的高额配套资金，从而发挥全球环境基金撬动作用。在一些重点领域，项目超额完成目标，包括制定、建议和批准 10 项国家政策（目标 1 项）；农村节能建筑应用和节能砖生产纳入 125 个地方政府的地方发展规划和行动中（目标 10 个）；通过各种宣传、推广和科普计划，受众达到 632 万人（目标 100 万人）。另外，监测与评估活动贯穿于项目设计中和活动中，例如对节能砖生产和农村节能建筑进度监测与评估，项目人员配备高效，PMO 由有限数量的员工管理，并有效地与分包商合作执行活动。虽然原定 2015 年 6 月初项目结束延长至 2016 年 12 月，该项目的实施延迟了 18 个月，然而并没有增加费用。

该项目在解决中国农村节能砖和建筑行业发展面临的挑战方面具有十分重要的意义。这一成果可归因于在供应方（制砖）和需求方（农村建筑）之间形成联系，促进了农村节能砖和建筑物国家和地方标准的制定和颁布，在 23 个省份示范了节能砖和建筑物取得的积极成果和生产方法，将节能砖和建筑纳入中央和地方政府的发展政策和计划，从而激发大量的配套资金来源。值得注意的是，该项目已经将节能砖和节能建筑议程纳入中国政府正在进行的关键计划中。总的来说，项目终评团队得出结论，MTEBRB 项目的效益令人满意，而其有效性令人非常满意。

四、国家自主意识

所有国家层面利益相关者都对 MTEBRB 项目表现出坚定承诺和自主意识。事实上，一些部门和个人从设计阶段到项目结束期间一直参与该项目。中国政府部门的自主意识体现在由农业部门高素质的工作人员出任项目管理职位；MTEBRB 项目 PSC、PMO 和当地项目管理团队，由各部门高层代表参加；超额配套资金；节能砖和农村节能建筑纳入关键政策和计划主体，例如为节能砖生产厂提供税收优惠，重新安排墙改基金，并将节能砖和农村节能建筑纳入相关的国家和省级五年规划；制定并颁布节能砖和农村节能建筑标准。

同样，私营部门的参与确保了农村地区节能砖生产和农村节能建筑的成功转化。私营部门的主要贡献包括提供高于承诺的配套资金，从固体黏土砖转为生产节能砖，且参与了项目对节能砖的监测与评估。此外，农村居民也参与农村节能建筑的规划设计和建设，参与节能建筑的监测与评估。

五、主流化与可持续

项目设计考虑项目干预的可持续性、主流化和推广潜力。项目实施的做法、贡献和成果确保了可持续发展。中国政府部门致力于节能，将节能砖和农村节能建筑作为节能和温室气体减排的重要组成部分。该项目成功将节能砖和农村节能建筑推广工作纳入政策和规划主体，并推动成为中国政府部门中长期的行动。此外，制定节能相关政策，特别是节能砖和农村节能建筑标准，加上地方政府实施能力的提高是可持续发展的另一个措施。类似地，培训、意识提升、示范和推广，为农村节能砖和节能建筑的未来推广和示范提供了良好的模式。

项目设计没有特别涉及 UNDP 其他工作重点，包括减轻贫困、改善治理、防御自然灾害以及赋予妇女权力。然而，能源效率的提高可能对减轻贫困和性别平等有影响，而标准的颁布和实施则转化为有关部门改善能源效率的治理能力。

总的来说，MTEBRB 项目为节能砖和节能建筑在本地市场的转化，建立了成功的模式，这些经验可以被中国政府部门用于进一步的推广和示范。然而，为了确保长期推广和可持续性，重要的是系统地记录项目的方法、措施和产出，例如培训大纲、手册和方法等，并免费提供给所有潜在的个人和利益相关者（包括砖生产商、研究人员、学者、政策制定者和消费者等）。考虑到政策支持、可用的配套资金方案以及消费者意识的不断提高，团队认为，MTEBRB 项目的成果可持续在财务、社会经济、制度、管理和环境方面风险较低。

六、影响

通过在农村地区示范推广节能砖和农村节能建筑，MTEBRB 项目对节能砖制造行业产生了重大影响。此外，该项目为不同利益相关者，如节能砖制造商、节能建筑设计师、地方墙改办人员，当地银行和农村居民等之间的学习与交流提供宝贵平台。同样，通过各种推广活动旨在提高农村消费者的意识。

项目办有一套有效的监测和评估体系，不仅追踪项目进展情况，还与合格的分包商组织合作，一方面评估成果指标的实现，另一方面则评估了节能砖和节能建筑的改进。根据这些评估，重点项目成果项目如下：

- 目标区域节能砖能效提高至 50%（目标 30%）；
- 目标区域节能砖市场份额增加至 70%（目标 20%）；
- 目标区域节能建筑占比增加至 90%（目标 20%）。

因此，项目结束时，MTEBRB 项目实现二氧化碳累计减排 1 614.991 吨，为原定目标的 682%，项目量化影响详情见下表。

项目量化影响

目的	目标	实际完成	比例
项目结束时，农村制砖和商用、民用建筑的二氧化碳年减排量	118 476 吨/年	1 342 348 吨/年	1 133%
项目结束时，农村制砖和商用、民用建筑的累积二氧化碳减排量	236 669 吨	1 614 491 吨	682%
项目结束时，农村建筑行业和制砖行业的能源消耗减少量	95 048 吨标煤	648 390 吨标煤	682%
项目结束时，目标农村建筑行业能效提高的百分率	30%	50%	167%
项目结束时，目标农村制砖企业能效提高的百分率	20%	20.07%	100%
项目结束时，目标地区农村建筑材料市场节能砖产品的市场份额	20%	70%	350%
项目结束时，可以节能建筑的数量占农村建筑的百分比	20%	90.58%	453%

结论、经验和建议

一、结论

概括来讲，终期评估小组认定 MTEBRB 项目设计符合中国政府发展背景以及不同利益相关方，包括中国政府、全球环境基金、联合国开发计划署、节能砖和农村节能建筑行业的关切点。此外，该项目的有效实施吸引了大量利益相关方成为合作伙伴、分包商，各利益相关方的权益通过超出承诺的配套资金得以证明，保证项目高效实施，超额完成项目目的和目标。具有重要影响的活动包括：制定并颁布节能砖和农村节能建筑标准和指南、项目目标纳入中央和地方政府规划和政策主体部分、融资获取便利化、节能砖生产和节能建筑的示范与推广。中国政府创造的有利环境也积极推动项目实施，带来了意想不到的积极影响，包括中国政府资金可用于改善制砖和农村建筑节能，并积极推广。项目活动有效地将节能砖和农村节能建筑行业推广到目标区域。为了利用不断发展的有利政策环境，该项目获得免费延期 18 个月，项目期限从 5 年延长至 6.5 年，执行时长增加 30%。

二、经验

根据与主要利益相关方协商以及终期评估小组的结论，从该项目设计和实施中获取的经验包括：

（1）市场转化只能通过供需链接以及多学科、多部门、多行业的方式实现。

（2）中国政府部门的资金不仅可以撬动有限的 GEF 资金，对政府开展中长期持续推广项目活动具有重要意义。

（3）依靠中国政府的承诺，可以激发私营部门对新产品和有益产品的热情，从而大大提高项目活动的开展。

（4）项目所开创的问题应对方法和解决方案，在实施中需要灵活的空间，因为这类项目是基于大量假设，最终需要在实施过程中得到测验。

（5）考虑到国内砖瓦和农村建筑行业的巨大规模，中国还尚未实现全国范围的重大或全面转化。

此外，农村节能砖行业面临的社会经济挑战包括农村砖瓦生产商及居民根深蒂固的思想以及他们的投资和购买能力。

三、建议

根据结论和获取的经验，评估小组提出以下建议：

1. 继续推广项目活动

尽管 MTEBRB 项目取得重大成效，作为一个大国，中国要在全国实现节能砖和农村节能建筑市场转化还有很长路要走。因此建议由墙材改革委员会或农业部农业生态与资源保护总站等重要政府部门，趁热打铁，继续推广项目成果。除了利用项目实施的经验，在全国范围进行市场转化的重要因素还包括：

- 继续加强中国政府的执行能力；
- 与正在实施的政策活动对接，同有利的政府规划建立协同关系；
- 与计划中的"绿色村镇"等相关项目对接；
- 根据成本效益竞争优势、未来地理区位重点、不同实施路线（统规、统规统建、自建、自主规划建设（零星）等，灵活适应不同地理气候区。

2. 适应不断变化的节能技术和需求

节能技术和概念随着消费方的需求不断发展，因此，未来的活动要适应不断变化的环境，中国可以通过加大投资力度获取最大利益。据此，未来的项目设计需要侧重绿色建筑，而不仅仅是节能建筑、预制式建筑或建筑装备、现代化结构，以及经济水平给农村地区带来的生活方式和种养模式变化等。

3. 南南合作交流

作为新兴捐赠方，中国政府要发挥关键作用，把 MTEBRB 项目经验传播到其他发展中国家，尤其是亚洲的发展中国家，以改善其制砖行业。在这方面中国政府可以利用以下途径寻求合作：

- 通过中国政府主导的项目进行南南合作；
- 通过联合国、全球环境基金、亚洲基础设施投资银行等主要平台进行信息共享；
- 联合国开发计划署的倡议、"一带一路"倡议。

图书在版编目（CIP）数据

砖筑生态村镇，同筹绿水青山：中国农村生态宜居
节能建筑探索与实践／王全辉等主编 . —增订本 . —
北京：中国农业出版社，2020.12
　ISBN 978-7-109-27653-6

　Ⅰ．①砖…　Ⅱ．①王…　Ⅲ．①农村住宅－生态建筑－
研究－中国　Ⅳ．①TU241.4

中国版本图书馆 CIP 数据核字（2020）第 252822 号

中国农业出版社出版

地址：北京市朝阳区麦子店街 18 号楼
邮编：100125
责任编辑：司雪飞　郑　君
版式设计：王　晨　责任校对：吴丽婷
印刷：北京万友印刷有限公司
版次：2020 年 12 月第 1 版
印次：2020 年 12 月北京第 1 次印刷
发行：新华书店北京发行所
开本：700mm×1000mm　1/16
印张：13　插页：4
字数：270 千字
定价：88.00 元